博碩文化

哎呀！
不小心刻了一套
React UI 元件庫

從無到有輕鬆上手

陳泰銘 (Taiming) 著

U0086554

第一本繁體中文的 React UI 元件庫

從無到有的實踐
逐一拆解各個步驟
完整打造每一個元件

深入剖析原理
比較不同主流的元件庫
討論不同實踐方式的優劣

提供完整程式碼
完整程式碼和元件庫展示
快速上手不掉拍

實戰經驗甘苦談
分享不同實踐中踩雷經驗
少走一些冤枉路

本書如有破損或裝訂錯誤，請寄回本公司更換

作　　者：陳泰銘（Taiming）
責任編輯：林楷倫

董 事 長：陳來勝
總 編 輯：陳錦輝
出　　版：博碩文化股份有限公司
地　　址：221 新北市汐止區新台五路一段 112 號 10 樓 A 棟
　　　　　電話 (02) 2696-2869　傳真 (02) 2696-2867
發　　行：博碩文化股份有限公司

郵撥帳號：17484299　戶名：博碩文化股份有限公司
博碩網站：http://www.drmaster.com.tw
讀者服務信箱：dr26962869@gmail.com
訂購服務專線：(02) 2696-2869 分機 238、519
（週一至週五 09:30～12:00；13:30～17:00）

版　　次：2022 年 10 月初版一刷
建議零售價：新台幣 650 元
Ｉ Ｓ Ｂ Ｎ：978-626-333-289-8（平裝）
律師顧問：鳴權法律事務所 陳曉鳴 律師

國家圖書館出版品預行編目資料

哎呀!不小心刻了一套React UI元件庫：從無到有輕
鬆上手 / 陳泰銘(Taiming)著. -- 初版. -- 新北市：博
碩文化股份有限公司, 2022.10

　　面；　公分 -- (iThome 鐵人賽系列書)

ISBN 978-626-333-289-8(平裝)

1.CST: 網頁設計　2.CST: 電腦程式設計

312.1695　　　　　　　　　　　　　111015912

Printed in Taiwan

博 碩 粉 絲 團　歡迎團體訂購，另有優惠，請洽服務專線
　　　　　　　　(02) 2696-2869 分機 238、519

推薦序一

從我自己個人經驗中的觀察看來,大約是從近幾年開始,有愈來愈多公司開始在內部打造屬於自己的 UI library。無論是想要跨專案重用類似的元件也好,或是只想給某個固定專案使用也好,都會從 UI library 開始下手,而其中 Storybook 的成熟功不可沒,兩者搭配起來就可以輕鬆做出專屬於 UI library 的文件以及拿來示範用的網站。

但有做過 UI library 的人都知道,雖然表面上可能看不出什麼東西,但魔鬼確實藏在細節裡,有許多細節都是實際下去做了才會知道比想像中複雜許多。而且一套成熟的 UI library,需要在意的東西又更多了,要在意客製化、重用性、一致性、版本相容性以及 a11y 等等的細節。

Taiming 在這本書中幾乎從頭開始打造了所有常見的元件,每一個都有講解設計理念、考量點以及範例程式碼,並且很重要的一點是他參考了 MUI 跟 Ant Design 這些熱門的 library,從中學習它們的設計理念以及 HTML 結構或是 React 的寫法。這是我覺得很棒的地方,畢竟這些前輩們踩過的坑,我們能避就避,參考它們的做法,能夠讓我們注意到以前不曾注意過的細節,也能讓我們自己寫的 library 變得更加完整。

除此之外,在書中也會穿插 Taiming 自己在工作上的經驗談,例如說書中反覆強調與設計師合作的重要性,畢竟一套好的 UI library,背後通常都有一個完善的 UI Style Guide 在支撐著,你元件做得再好,只要設計那邊沒有統一,遲早會讓元件到處都充滿著客製化,失去了原本做 UI library 的意義。

在我剛開始接觸 UI library 的時候,也曾經參考過其他人的程式碼,看一看別人都是怎麼做的。雖然收穫良多,但也需要花許多的時間在上面。如今有了這本書幫我們快速總結常用元件的實作以及該注意的地方,那是再好不過了,更何況還有附上完整程式碼以及 Storybook 的範例可以參考。

推薦這本書給所有想要打造 UI library 的新手,如果你對怎麼做出一套 UI library 毫無概念,那這本書很適合你。

技術部落格 Huli's blog 站長 *Huli*

推薦序二

收到這本書的當下我覺得非常興奮，過去軟體工程師中大多討論的都是「系統設計（system design）」，相較之下，前端工程師經常在做的「元件設計」則是比較少被提及的。

在實作元件前有哪些需要先留意的細節，才不會做完之後大走回頭路？要怎麼取捨哪些功能要暴露給其他開發者使用，哪些又直接封裝在元件內就好？怎麼樣降低開發者使用上的難度，但又能提供方便的客製化需求？

對前端工程師來說，如何把元件設計得好用、好改、好擴充，考驗的不只是程式實作的能力，更重要的是背後的思考脈絡和實務經驗，這也正是我認為這本書最寶貴的地方。

在這本書中，除了程式碼實作之外，更重要的是作者所帶出來的思考和實務經驗分享。有些時候開發者只留意到做出來後的樣子，卻忽略了這個東西是如何被設計出來的、它又為什麼要這樣被設計。前者往往有標準答案，只要照著他人的說明來做，不會相去太遠；後者由於沒有絕對的對錯，才更能反映一個程式設計師的價值。透過實務經驗和思考，做出符合當下最適合的判斷和決策，這是最寶貴、也是最難學到的，而這些部分，都被作者非常詳實的紀錄在本書中。

市面上，你很難找到一本這麼完整、幾乎各個基本元件都涵括到的書。針對不同類型的元件，作者都先整理了知名 UI 框架常見的作法，加以比較、分析後，再帶入作者的實務經驗和思考，最後才開始著手開發，讓讀者能夠跟著這樣的脈絡實作出一個又一個不同的元件。

不論讀者未來是要套用 UI 框架、要設計元件、或甚至是實作出一套設計規範（designguideline），相信都能透過本書的內容，獲得更全面而細膩的思考角度，也預祝讀者跟著本書，一不小心就刻出了一套 UI 元件庫。

PJCHENder 網頁開發咩腳版主、《從 Hooks 開始，讓你的網頁 React 起來》作者

陳柏融

推薦序三

身為軟體工程師，建構產品、解決問題是我們的目標，如何把目標有效率的達成，如何以最適合的方式達成，這些技術累積成為了我們的實力。而站在更高的角度，除了累積自己的能力及實力之外，若進一步能幫助更多人提升，這又是一件更有意義的事情。近日聽到泰銘兄要把自己在工作累積的前端開發經驗，整理精華成書分享，真心為泰銘兄感到雀躍，也為讀者們高興！

記得我和泰銘兄是在學生時期認識的，因著一起開發過有趣的專案而變得熟悉。在合作的過程當中，至今仍印象深刻的是泰銘兄對技術的熱情及對於程式品質的追求。除此之外，讓我打從心底敬佩的是他樂於分享技術的這份熱忱。對於軟體工程師，編寫出程式代碼是基本技能，但願意把技術及經驗分享出去的人卻是少而又少，而分享得能讓人容易理解又更難能可貴。我覺得泰銘兄就是一位具有豐富開發經驗又擅於分享說明的工程師。

在本書中泰銘兄細心地手把手帶領讀者完成一套自己的 UI Library，從設計的概念，元件底層的說明，到實作的方式，以及穿插許多實際工作上實作的心得，一個個步驟皆非常仔細地拆解，使讀者們可以具體的知道如何建立一套自己的 UI Library。其中我覺得很受用的部分是，泰銘兄除了很細心地解說各個元件的做法之外，他也將其工作多年的經驗毫無保留地分享，在內容中並非只是闡述做法，而是一邊帶領著讀者思考，比較分析了各個系統的做法，進而整合實作出最適合自己的 UI Library。在程式技術的選用方面，往往沒有永遠最佳的解法，但卻有最適合當時情境的解法，透過本書中思維的過程，相信能幫助讀者建立屬於自己的思維模式，進而找出最適合自己的實作方式，我想這是非常可貴的！

在我經營程式社群以及程式教學的經驗中，深刻地感受到學習是一個互相的過程，學習者及分享者彼此的付出左右了成長的幅度，但其中分享者分享的方式和方法甚至是心情往往成為關鍵要素。在知識傳遞的過程，不同的領域需要注意不同的面向，對於程式技術的分享，由於程式的資訊含量實在太多，碰到沒看過或不理解的程式碼，學習者常常會產生出很多不確定感，累積起來便會容易猶疑不前、沒有自信，進而影響學習效率。因此，非常需要分享者有系統仔細地說明程式的思維及用法，幫助學習者彌平心中的不確定感，進而讓彼此共同前進。在本書中可以感受到泰銘兄非常用心地站在讀者的角度思考，透過詳盡的範例，圖文並茂的說明，相信每位讀者藉由本書都能輕鬆地進入 UI 元件的世界。

如果想要更了解並更掌握 React 基礎的朋友，由衷地推薦您透過這本書進行深入的學習。如果想要設計自己一套 UI Library 的朋友，不妨讓這本書帶您一起前進！

搞定學院學習社群 創辦人
知名外商 Hewlett-Packard 資深工程師
Jimmy Chu

推薦序四

提到 UI 元件庫，前端開發者的腦中一定會先浮現 Ant Design、Material UI 等知名套件，然而有時為了客製化需求，企業會選擇打造自己的 UI 元件庫，此時對於各種元件的細節理解與設計思路就顯得非常重要。對於這本著作，我只認為相見恨晚，因為我曾經也有自己建立 UI 元件庫的需求，但當時並沒有這樣的一本書讓我理解各個元件的設計細節與思考脈絡。如果你對於打造 UI Library 有興趣，千萬不能錯過這本精彩的著作！

《今晚來點 Web 前端效能優化大補帖》作者 | 莫力全 *Kyle Mo*

作者序

感謝你願意翻開這本書！相信讀者必定是為了自己的成長，在心裡下定了決心、訂下計畫，我們此時才會透過這本書來見面！

這是我的第一本著作，我沒有想過會有這一天。坦白說，我自認為自己並不是非常出色的工程師。但是我有想要變得很出色的決心，能夠克服萬難完成這本書就是我的決心的具體展現。

回想我的前端學習之路，真的覺得蠻坎坷的。因為我總是在挫折當中度過。有來自外在的批評、別人不認定自己、努力了卻發現走錯方向，也有自己無法獨自按時完成任務的那種無助感，這些我都有經歷過。雖然輕描淡寫，但是當下真的覺得非常的辛苦和折磨。這些刻骨銘心的記憶，時而讓我自暴自棄，時而讓我半夜驚醒，從床上爬起來寫程式。

「隨著你如何思考，會左右你的命運。隨著你如何抉擇，會決定你的人生。」我的人生導師給了我這句話，讓我能夠走到現在。在走不下去的時候，我選擇堅持；在被擊倒的時候，我選擇再次爬起來；在走到死胡同的時候，我選擇換方法再試一次；在被羞辱的時候，我選擇拉下臉來跟對方請教。這本書真的很符合我的個性，並不是因為我很厲害、想要炫耀，所以才寫這本書。這本書是在我經歷過那些失敗的經驗之後，記取教訓，一步一腳印的紀錄。所以驀然回首，哎呀！不小心刻了一套元件庫！

「今日雖然不足，但你要學習。明日雖然慚愧，但你要成為能夠教導人的老師的老師。」每個人都有不足的地方，但不要因為現在不足就看輕自己。或許有一天，你也能夠站在台上，而台下那些觀眾，可能有人曾經是教導過你的老師。

最後，這本書特別感謝 Huli 老師，在校稿的過程中，非常專業和熱心的給我許多寶貴的建議，讓這本書能夠更正確、更完整。也由衷的感謝願意撥空看完內容，為我推薦這本書的每一位大大們，還有默默幫助我完成這本書的英雄們！

還有願意拿起這本書的讀者們，別忘了，我相信，你最棒！

作者 陳泰銘

目錄

CHAPTER 14 數據展示元件 - Card

CHAPTER 15 數據展示元件 - Carousel

CHAPTER 16 數據展示元件 - Table

CHAPTER 17 數據展示元件 - Infinite scroll

準備 UI 元件開發環境

▋0.1 情境案例

0.1.1 情境一：開發的獨立性

到底要先開發介面，還是要先開發 UI 元件？這是一個「雞生蛋，蛋生雞」的問題。

假設今天團隊裡有兩位前端工程師要分工做一個商品列表頁，A 工程師被分到頁面的排版佈局，B 工程師被分到商品卡片元件的刻畫。但開始開工之後發現，B 工程師在那邊東摸摸西摸摸，不做正事，一問之下，B 工程師說他必須要等 A 工程師把頁面做完之後，才能夠在頁面上刻元件。結果一個 Sprint 之後，原本預計的商品列表頁沒有完成，在 retrospect 會議上面，大家問為什麼明明已經分工了卻無法按時完成工作？此時 B 就開始責怪 A 工程師開發速度太慢，導致延誤到他開發時間，所以 A 工程師要更精進自己的能力，加快速度，才不會拖累團隊。此時的 A 工程師啞口無言，有苦說不出，最後說出「對不起，我下次會改進」。而其他團隊成員，則開始懷疑 A 工程師沒有能力勝任這份工作。

0.1.2 情境二：元件的使用說明文件

我們知道，在現行流行的 Web 架構，大多會採用前後端分離，而前後端溝通的方式，是透過 API 來進行。

當一個 Web 服務越來越複雜的時候，會使用到的 API 也會越來越多，並且每一支 API 的作用、使用方式、需要帶的參數都不盡相同。並且，當這個團隊有幾次的人員流動更換之後，新接手專案的人，如果沒有一個文件的話，只能從茫茫的程式海中尋找 API。因此，使用 Swagger 就能夠自動幫我們建立清晰明瞭的 RESTful API 文件，如此一來要盤點 API 就會很方便，並且能夠快速知道他的使用方式，也能夠直接在上面打打看：

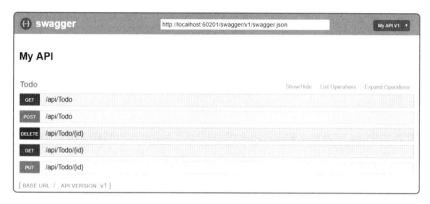

▲ 圖 0-1 Swagger 自動建立的 API 文件

但是，在前端元件庫方面，有沒有類似這樣的一個文件能夠幫助我們瞭解現在這包專案的元件有哪一些呢？

如果我們沒有一個這樣的 UI 元件庫文件，接手一個前人留下來的專案的時候，很難掌握這個專案有哪些元件可以使用。所以，很有可能同一個功能的元件被重複造輪子了好幾次，並且被使用在不同的地方。在這種狀況發生的時候，我們很難維持專案程式設計的風格和 UI 介面的統一，也會讓接手的人難以理解，進而增加改動程式碼的困難及成本。

例如有一個 Button 被重複實作了很多次，一個叫 `<MyButton />`，一個叫 `<CustomButton />`，還有的叫做 `<DropdownButton />`，也有 `<IconButton />`。分別由不同時期的工程師撰寫，其實功能上都蠻重疊的，但使用方式和傳入 props 卻不同。今天如果設計師要求說要統一全站的 Button 顏色，要遵照 UI guideline。你一開始並不知道這個專案內有多少種 Button 元件，結果你改了 `<MyButton />` 之後，發現全站 Button 樣式還是沒有統一，請問，你還需要花多久時間才能確保全站的 Button 樣式統一呢？說不定，因為你改不動別人的 code，一氣之下，又做了一個 `<GuidelineButton />`，之後憤而離職，把這件事情丟給你離職之後才會進來報到的可憐工程師。

0.2 Storybook 簡介

Storybook 是一個前端開發人員的元件瀏覽器，我們可以在 npm 上面輕易的找到他：

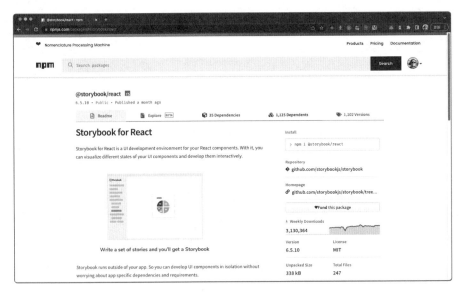

▲ 圖 0-2 npm 上面能夠輕易找到 Storybook

0.2.1 提供獨立的開發沙盒，解決開發的獨立性

Storybook 他提供了一個獨立的沙盒環境，可以幫助我們單獨建構 UI 元件，所以你不會因為某個 UI 頁面還沒開發完成而開發時程被卡住，也不會因為你開發了某個元件，而影響了現有的 UI 介面。他很漂亮的解決了上面「情境一」中提到的開發獨立性的問題。你再也找不到理由說因為某人什麼東西還沒開發好，所以影響到你的進度。平行同步開發的可能性得以實現，整個團隊的開發效率也能得到提升。更極端一點的例子，甚至你可以做到完成 UI Style Guideline 上所有的元件之後，再開始專案的開發。

0.2.2 擁有自動化且可視化的元件庫文件

此外，使用了 Storbook 之後，就會像是後端擁有了 API 文件一般的強大。你可以快速掌握這個專案總共有多少元件，並且你能夠在真的使用他之前就事先知道這些元件長什麼樣子。更棒的是，你還能夠一目了然的知道這個元件有哪些參數，該被怎麼使用，並實際上在上面測試看看，就像一個可互動的說明書一樣。所以，他可以幫助工程師與工程師之間、工程師與設計師之間，更快速、更具體、更有效率的溝通。

0.2.3 安裝 Storybook

就像是我們在安裝任何其他 npm 套件一樣，只要進到這個 React 專案的根目錄下，透過 npm 或 yarn 來安裝即可。

舉例來說，今天我用 Create React App 開啟了一個新專案：

```
npx create-react-app storybook-install-demo
```

然後我進到根目錄，透過 Storybook CLI 在上面安裝 Storybook

```
npx storybook init
```

Storybook 將在安裝過程中查看專案上的相依關係，並為您提供可用的最佳配置。例如：

- 安裝所需的相依套件
- 設置運行和構建 Storybook 所需的 script。
- 添加預設的 Storybook 配置。
- 添加一些樣板的 story 以幫助您入門。

你會看見在 package.json 當中已經完成安裝相關的套件：

```
"devDependencies": {
  "@storybook/addon-actions": "^6.5.10",
  "@storybook/addon-essentials": "^6.5.10",
  "@storybook/addon-interactions": "^6.5.10",
  "@storybook/addon-links": "^6.5.10",
  "@storybook/builder-webpack5": "^6.5.10",
  "@storybook/manager-webpack5": "^6.5.10",
  "@storybook/node-logger": "^6.5.10",
  "@storybook/preset-create-react-app": "^4.1.2",
  "@storybook/react": "^6.5.10",
  "@storybook/testing-library": "0.0.13",
  "babel-plugin-named-exports-order": "0.0.2",
  "prop-types": "^15.8.1",
  "webpack": "^5.74.0"
}
```

並且你會看到已經增加了兩行 script，幫助你運行和構建：

```
"scripts": {
  ...
  "storybook": "start-storybook -p 6006 -s public",
  "build-storybook": "build-storybook -s public"
},
```

安裝完成之後，接著，你就能夠透過這個 script 直接啟動 Storybook 的環境了：

```
npm run storybook
```

在 localhost:6006 當中，我們可以看到啟動運行的環境：

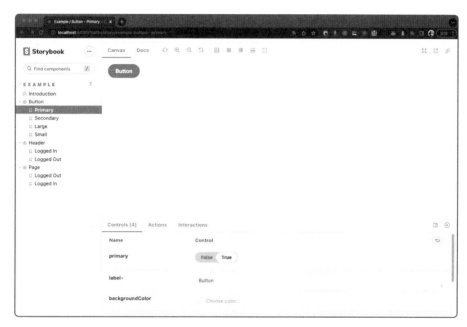

▲ 圖 0-3 安裝完成之後的 Storybook 介面

本書中，我們會藉由 Storybook 來建構所有的元件，讀者能夠在我的
Storybook 上面預覽元件的樣式、介面以及操作，並且我也會開放元件的原
始碼及 Storybook 的原始碼，在每個元件的最後都會提供連結。可以邊對
照書本內容、Storybook 及原始碼來學習。

哎呀！不小心刻了一套 React UI 元件庫
從無到有輕鬆上手

數據輸入元件 - Button

1.1 元件介紹

Button 元件代表一個可點擊的按鈕，在使用者點擊之後會觸發相對應的業務邏輯。

在過往的經驗當中，我們常在下面情境下會需要按鈕：

- 填完表單之後要點擊「確認」來送出資料，或是點擊「取消」來放棄編輯。
- 複雜的表單動作，有「上一步」、「下一步」的按鈕。
- 操作網站上一些無法復原的危險動作 (ex: 刪除資料)，需要第二次的確認「按鈕」。
- 在需要編輯資料的系統，我們要做一些 CRUD 相關的操作。
  - 點開文章以瀏覽詳情
  - 新增文章
  - 編輯文章
  - 刪除文章
  - 上傳檔案
- 為了引導使用者前往購物、前往註冊、前往你希望他去的地方，藉此來達成一些商業目的等等，也需要明顯的按鈕來引導他下一步該做什麼。

按鈕是幾乎在每一個網站上都會出現的元件，雖然如此，他被放置在不同地方所希望達到的目的也不盡相同，上面信手捻來就可以舉出很多例子。但是也因為同一個元件要用來做很多不同的事情，因此他的變化也很多。下個小節，我們會來分析這些常見的變化。

實戰經驗分享

雖然很常出現而被覺得是一個很簡單的元件，但沒有仔細考慮的話，很多細節會容易被忽略，很容易發生一開始設計了一個想要全站共用樣式的按鈕，但是因為需求一直增加或改變，導致後來無法共用而不得不再重複造輪子的慘案發生。因此建議新手工程師在實作共用按鈕元件前要多跟設計師和產品經理溝通，設想一些未來可能發生的情境。不過最好的方式，還是建議與配合的 UI/UX 設計師一開始能夠出一份介面設計規範（UI Design Guideline），並且全站能夠遵循。

1.2 參考設計 & 屬性分析

我通常會找一些知名的 React UI library 來參考它的樣式及介面的設計，比較常參考的有

- Material UI (MUI)
- Ant Design (Antd)
- React Bootstrap

實戰經驗分享

在設計元件的時候，一方面我們會擔心自己考慮得不夠周詳，另一方面也會擔心設計出來的東西過於特立獨行，自己以為這樣很好，但是其實沒有人這樣做，雖然說得上是創新，但反過來，也很容易讓使用者甚至其他開發者無法理解你的好意。因此，參考目前受歡迎的 UI 元件框架是一個不錯的做法，這樣我們的習慣、命名也比較能夠貼合大眾。

1.2.1 變化模式 (variant)

變化模式上面的變化，Material UI 叫做 variant，Ant Design 叫做 type，Bootstrap 裡面看起來比較類似的屬性是 variant，但是 Bootstrap 的 variant 裡面同時可以控制顏色以及描邊樣式。

在變化模式下面有幾種變化：

- contained button 實心按鈕
- outlined button 描邊按鈕
- dashed button 虛線按鈕
- text button 文字按鈕
- link button 連結按鈕

▲ 圖 1-1 Button 不同變化模式的樣式

MUI 上面沒有特別區分 text button 和 link button，甚至連 dashed button 也沒有。以變化模式上來看的話，Antd 似乎是比較豐富。

但其實我個人是覺得並不會因為 MUI 他在 variant 裡面沒有那麼多種變化，就表示他輸人家一籌，因為或許有些樣式並不是很常用到需要納入 variant，畢竟要多維護一種樣式也是需要增加維護成本，而且透過 MUI 的客製化樣式的機制也能夠做到同樣的效果。以我個人開發的經驗，老實說我真的也不是很常遇到需要 dashed button 的時候，所以我覺得不能用這樣「我有你沒有」的標準來斷定一個 library 的優劣，畢竟不同元件庫有他不同的使用情境。反倒是我覺得這個元件庫方不方便我們客製化，才是我比較在意的。

實戰經驗分享

到底要不要把每一種變化都納入自己的設計考量，我覺得也倒不一定，需要考慮自己網站的需求，或是跟團隊、設計師一起來討論。不過因為我們知道有這些變化的可能性之後，也能避免把 code 寫死，導致以後如果哪天哪根筋不對，突然又需要的時候，可以不需要大改動就能夠擴充。

1.2.2 顏色屬性

MUI 的顏色屬性叫做 color，可以傳入的參數有：

- primary
- secondary
- default
- inherit

Antd 看起來似乎沒有特別的 color 屬性，他預設是 primary 藍色，若 danger 屬性為 true 就會變紅色。

Bootstrap 是透過 variant 屬性來決定，有：

- primary
- secondary
- success
- warning
- danger
- info
- light
- dark
- link

當觀摩完不同 UI library 之後，我們心中對這些設計會有一些心得想法，下面是我幾個方向的考慮：

❑ 考慮不同網站使用的場景

當我們在做後台系統，或是不需要那麼繽紛的 B2B 系統的時候，在顏色上面有 primary、secondary 規範是很好的，全站的主題會統一，顏色要告訴使用者的訊息也很清楚，例如 danger 的顏色或 warning 的顏色。

在做 B2C 網站的時候，雖然一般也是都會訂出 primary、secondaery 顏色的規範，但是難免還是有的時候會因應設計師的要求，或是其他的考量，需要用一些特別的顏色，或是顏色上的微調，以工程師的實作上來說，或是設計規範，我們是不希望有這樣的特例，但當這些規範與商業考量有一些衝突的時候，我們的元件會需要有這方面的彈性能夠調整。

❑ 考慮元件傳入參數的格式

以我個人來說，我也是希望能夠有 primary、secondary 來決定主題，但希望不限於這兩種顏色的傳入，所以在設計的時候我也會想要保留顏色調整的彈性，例如說我可能讓 color 這個 props 可以支援 primary、secondary 這樣的關鍵字之外，也能夠支援色票的傳入 (ex: #1A73E8)，這樣我能夠兼顧已經規範好的顏色，也能夠保有客製化的彈性。

❑ 考慮元件傳入參數的命名

在 css 屬性當中，color 代表文字的顏色，background-color 代表背景色，一個按鈕當中，有許多地方需要配色，例如文字、背景、邊界 (border) 等等，為了避免混淆，我暫且把 Button 的主題色 props 叫做 themeColor。

❑ 考慮深色模式的配色

另外還有一個顏色配色上的考量，就是可能深色背景色需要搭配淺色文字，淺色背景色需要搭配深色文字，否則文字會看不清楚，若給單一顏色是無法做到上面的調整，因此若有預設好的主題配色 primary、secondary 在使用起來其實也會比較方便。

綜合上述的考慮以及討論，下面的程式碼是我這次實作 Button 元件在顏色參數上預計的使用方式：

```
1.  <Button
2.    themeColor="primary" // primary | secondary | #1A73E8 | ...
3.  >
4.    按鈕
5.  </Button>
```

1.2.3 帶有圖示 (icon) 的按鈕

MUI 這邊的介面上設計了讓我們可以傳入 startIcon 以及 endIcon，也就是這個 Icon 不限於一定要放在文字之前還是之後。

```
1.  <Button
2.    startIcon={<Icon />}
3.  >
4.    按鈕
5.  </Button>
6.
7.  <Button
8.    endIcon={<Icon />}
9.  >
10.   按鈕
11. </Button>
```

▲ 圖 1-2 MUI 函式庫中帶有圖示的按鈕

Antd 這邊就只有設計一個 icon 的 props 讓我們可以傳入，所以只能在文字的左邊加入欲放置的 icon。

帶有 icon 的 button 在我個人的開發經驗上面是蠻常遇到的，而且 icon 真的不會只限於文字的左邊或右邊，所以我覺得 icon 可以支援出現在左邊和右邊是蠻重要的。

另一方面，因應 RWD 的設計，帶有 icon 的 button 在窄螢幕的狀態下，常常會需要變成只有 icon 的 button，所以 button 能夠支援只有 icon 沒有文字的樣式，也是蠻需要被考慮進去的。

```
1.  import IconButton from '@mui/material/IconButton';
2.  import DeleteIcon from '@mui/icons-material/Delete';
3.
4.  <IconButton aria-label="delete">
5.    <DeleteIcon />
6.  </IconButton>
```

▲ 圖 1-3 MUI 函式庫中只有圖示的按鈕

在 Antd 也有提供只有 icon 的 button，不過 Antd 是可以直接延續使用原本的 button，只要把 children element 省略就可以做到。

```
1.  import { Button } from 'antd';
2.  import { DownloadOutlined } from '@ant-design/icons';
3.
4.  <Button
5.    icon={<DownloadOutlined />}
6.  />
7.
8.  <Button
9.    icon={<DownloadOutlined />}
10.   shape="circle"
11. />
12.
13. <Button
14.   icon={<DownloadOutlined />}
15.   shape="round"
16. />
```

▲ 圖 1-4 Antd 函式庫中只有圖示的按鈕

1.2.4 狀態屬性

我們在點擊發送表單按鈕的時候，會需要處理一些不同的狀態，例如説可能有一些欄位是必填但是還沒被填寫，因此不希望使用者按下發送按鈕，這時我們需要 button 是 disabled 的狀態。

當按下發送按鈕的時候，因為前後端需要透過 API 溝通，因此要有一個非同步的狀態，例如讓使用者知道現在是 loading 中，因此我們也需要讓 button 有一個 loading 狀態。

因此我們看 MUI、Antd、Bootstrap 的按鈕上面，都有一個 disabled 的 props 讓我們可以傳入。另外，在處理 loading 狀態的部分，Antd 他提供一個 loading 的 props 讓我們設置載入的狀態：

```
1.  <Button
2.    loading
3.  >
4.    按鈕
5.  </Button>
```

而 MUI 及 Boostrap 看起來是希望你在 button children element 的地方自己處理 loading 的樣式，類似像下面這樣：

```
1.  <Button>
2.    {isLoading && <Spinner />}
3.    按鈕
4.  </Button>
```

實戰經驗分享

我覺得這兩種介面都各有優缺，看自己的系統需要可以做選擇，如果很確定每一種 button 的 loading 樣式都一樣的話，我覺得用 loading props 傳入是比較方便，而且程式碼也簡潔、易讀。但如果需要比較客製化的彈性的話，可能在 button children element 的地方再自己依照需求去刻 loading 樣式會比較不會被限制住。

1.2.5 元件大小 (size)

MUI、Antd、Bootstrap 都有 size 這個屬性，來決定按鈕的大小，通常是分為大、中、小這三種 size，以便於視覺上的一致性。

如果是比較能遵守規範的系統，元件 props 設計就讓他可以傳入大、中、小這些固定的 size 就好，但若需要比較常因應一些變化，我覺得我會寫一個 BaseButton，把不會變的共用部份寫好，另外會變的部分再透過傳入 className 來調整，像是這樣子：

```
1.  <BaseButton
2.    className={props.className}
3.    {...otherProps}
4.  >
5.    按鈕
6.  </Button>
```

實戰經驗分享

如果前端工程師跟設計師之前彼此之間有講好一個默契，在 Guideline 上面有大、中、小這幾種 button 的 size，那我覺得這樣設計元件是會蠻方便的，系統也會比較統一。但我覺得這些屬性好像也不是這麼適合每一個系統，因為雖然有些系統會有大、中、小這些固定 size 的按鈕，但是有時候就是難免會出現一些惱人的特例，這部分我覺得是還蠻難的一個課題。特別在有些新創公司當中，為了因應快速調整、快速變化的需求，很難好好的把一些規範定下來之後再來設計這個系統，所以要遵守這些規範其實還蠻難的。但在開發流程比較成熟的團隊，對於這種設計規範就比較講究。所以對於屬性上的取捨，也是需要根據團隊的狀況來調整喔！

1.2.6 其他外觀屬性

Antd 裡面有 shape 屬性，來決定按鈕的形狀 (ex: circle、round...)，可參考圖 1-4。

另外有其他的外觀屬性我覺得也是看系統需要，像我自己在開發的時候喜歡用 styled-components，這樣我就能夠繼承原本的 BaseButton，在這之上再客製化我在另一個地方特別需要的 button，類似像這樣：

```
1.  import styled from 'styled-components';
2.  import BaseButton from 'components/BaseButton';
3.
4.  const SpecialButton = styled(BaseButton)`
5.      // some styling here
6.  `;
7.
8.  <SpecialButton
9.    {...props}
10. >
11.   按鈕
12. </SpecialButton>
```

1.2.7 事件屬性

事件屬性對一個 button 是蠻重要也蠻常用的，像是 onClick 事件。

我自己開發的建議是希望能夠直接沿用原本元件的事件屬性，因為：

- 假設你有些地方要 onClick，有些地方要 handleClick，這樣其實很容易會寫錯，若今天來了一位新同事，我相信他第一直覺一定會寫 onClick，而不是 handleClick。

- 由於除了 onClick 之外，也有很多其他的事件屬性，例如 onFocus、onBlur、onChange... 等等，那是不是每個地方都要統一改名字叫做 handleXXX？若有一個地方沒改到，那事件屬性命名也就會產生不一致的問題，對於其他工程師要來維護這個元件會造成困擾。

- 假設今天公司有多個專案，以 A、B 專案為例，A 專案設計了一個 button，裡面事件叫做 onClick，B 專案也設計了一個 button，裡面的事件叫做 handleClick。第一個問題是，我們在維護上會如同前面説的容易混淆寫錯。第二個是，假設今天公司要統一樣式，那要把 B 專案的 button 從底層抽換成 A 專案的 button，就會有不相容的問題，要修改也要花更多的成本。

實戰經驗分享

我有看過有人刻意把自己寫的 button 事件參數改名為 handleClick，跟他討論他也很堅持他這樣的做法，因為他覺得比較喜歡這個名字，然後他也希望能跟一般的 button 元件做一個區分。想當然，在他的堅持之下，我們後面維護系統的路變得更加的坎坷，而且因為 button 是到處都會用到的元件，所以整個系統被這個東西污染得到處都是，已經到很難回頭的地步，我也很後悔當初沒有硬起來阻止這件事的發生。如果時光能夠倒流，請不要輕易忽略自己心裡覺得怪怪的地方喔！

▌1.3 介面設計

比較完不同的 UI library 之後，想必我們會對這個元件的使用有更仔細的瞭解，並且心中會有一個對這個元件理想的想像。接下來我們要綜合上述的考量，來設計這次 button 元件的介面。

1.3.1 保留對 button 的使用習慣

介面設計上我自己也會希望盡量保留原本我們對 button 元件的使用習慣。

例如說，原本使用 button 的方式如下：

```
1.  <button
2.    {...props}
3.  >
4.    確認按鈕
5.  </button>
```

目前我們所看到的原生 button 也是長這樣，MUI、Antd、Bootstrap 也都是這樣，所以我覺得我會希望把自己設計的 button 也能這樣被使用：

```
1.  <CustomButtonA
2.    {...props}
3.  >
4.    確認按鈕
5.  </CustomButton>
```

而不是這樣：

```
1.  <CustomButtonB
2.    {...props}
3.    text="確認按鈕"
4.  />
```

實戰經驗分享

我之前也是看到有人把按鈕設計成上述 CustomButtonB 這樣的形式,他的理由是說希望按鈕的文字傳進去可以是固定的資料型別 (這邊範例的狀況是使用 typescript 做型別的確保),但我個人的看法是覺得這樣的設計還蠻特立獨行的。除了違反我們一般的習慣之外,這樣的設計讓未來 button 的變化和擴充就只能透過 props 傳入來改變,而沒辦法好好善用 children element,如果 button 的內容不限於文字,例如我們 button 內的 icon 或是 loading 狀態希望透過 children element 來處理,就會比較難做到。對於他希望做型別確保這件事,我覺得雖然有他的好意,但後續衍伸的缺點確實還蠻困擾我的,所以我覺得這個優點真的有點難吸引我。

1.3.2 預計設計的介面

根據上述我自己的考量與評估 (還有自己的喜好 XD),目前預計設面的介面如下表格:

屬性	說明	類型	預設值
variant	設置按鈕類型	contained、outlined、text	contained
themeColor	設置顏色	primary、secondary、色票	pirmary
startIcon	設置按鈕左方圖示	node	
endIcon	設置按鈕右方圖示	node	
isLoading	載入中狀態	boolean	false
isDisabled	禁用狀態	boolean	false
children	按鈕的內容	node	

> **實戰經驗分享**
>
> 當然元件的設計也沒有那麼一翻兩瞪眼，終歸一句話，我覺得還是要依據自己專案的狀況以及團隊的共識來設計會比較好，在設計的過程當中，「討論」是很重要的，若設計師設計自己的，工程師設計工程師的，PM 也按照他想像的開 spec，彼此各做各的，在未經討論取得共識的狀況下，最後哪一天突然把 spec 和設計圖拿出來，要求工程師一個 sprint 就要做出符合他們的期待，那這樣對於整個專案來說我覺得就是個災難。

1.4 元件實作

1.4.1 基本樣式

我們採用的 CSS-in-JS 工具是 styled-components，首先我會在基礎的 button 上面給一些預設的樣式，這些預設的樣式主要是一些不會因為 props 傳入而有所改變的樣式，也就是不論你的 props 是什麼，大部分狀況下都需要共同擁有的樣式。例如按鈕預設的長寬、滑鼠 hover 上去的滑鼠圖示、圓角樣式 ... 等等。

```
1.  const StyledButton = styled.button`
2.    border: none;
3.    outline: none;
4.    min-width: 100px;
5.    height: 36px;
6.    display: flex;
7.    justify-content: center;
8.    align-items: center;
9.    box-sizing: border-box;
```

```
10.   border-radius: 4px;
11.   cursor: pointer;
12.   transition: color 0.2s, background-color 0.2s, border 0.2s,
      opacity 0.2s ease-in-out;
13.
14.   &:hover {
15.     opacity: 0.9;
16.   }
17.   &:active {
18.     opacity: 0.7;
19.   }
20. `;
21.
22. const Button = (props) => (
23.   <StyledButton {...props}>
24.     <span>{children}</span>
25.   </StyledButton>
26. );
```

1.4.2 變化模式 (variant)

variant 我們希望傳入的參數包含有 contained、outlined、text 這三種。所以需要依據這些參數來取得對應的樣式。

其中一種方式我們可以用 if...else... 的方式來處理，例如：

```
1. if (variant === 'contained') {
2.   return containedStyle;
3. } else if (variant === 'outlined') {
4.   return outlinedStyle;
5. } else if (variant === 'textStyle') {
6.   return textStyle;
7. } else {
```

```
8.    return containedStyle;
9.  }
```

但是這樣寫我覺得有點冗長，而且假設除了上述三種 variant 之外，我們要做擴增，那就是需要再多寫一個 else...if... 判斷式。

另一個方式我們可以用物件的方式將 variant 以及對應的樣式用 key-value 的結構來儲存：

```
1.  const variantMap = {
2.    contained: containedStyle,
3.    outlined: outlinedStyle,
4.    text: textStyle,
5.  };
```

未來要擴增的時候，我們只需要增加這個 key-value 的對應即可。但要記得處理使用者不小心傳入不存在的 key 的情況：

```
1.  const StyledButton = styled.button`
2.    //...other style
3.
4.    ${(props) => variantMap[props.$variant] || variantMap.
      primary}
5.  `;
```

1.4.3 主題顏色 (themeColor)

themeColor 我們希望傳入的參數包含有 primary、secondary 以及色票。所以我們先準備一下我們的主題色：

```
1.  export const COLOR = {
2.    primary: '#1976d2',
3.    secondary: '#dc004e',
4.  };
```

當然，主題色如果能夠用 ThemeProvider 來處理，那會是更漂亮，甚至可以做到網站主題色的切換，但這邊為了方便講解，我們先用上述方式陽春的來處理。

因此，props 傳進來的時候，我們想要先統一轉換成合法的顏色代碼，傳進來的 themeColor 有幾種可能：

- primary or secondary
- 合法的顏色代碼，ex: #1976d2, #ff0000ff
- 不小心把上述兩者打錯字，或是根本就傳入一個不合法的字串，ex: #aa@zmb9

身為一個 UI 元件庫，檢查顏色代碼是否合法，其實不是我們的職責。當然網路上也有一些檢查色碼的 regular expression，例如：

```
1.    /**
2.     * Color codes regular expression
3.     * https://regexr.com/39cgj
4.     */
5.    const colorRegex = new RegExp(/(?:#|0x)(?:[a-f0-9]{3}|
      [a-f0-9]{6})\b|(?:rgb|hsl)a?\(([^)]*\)/);
6.    const isValidColorCode = colorRegex.test(themeColor.
      toLocaleLowerCase());
```

但我們這邊就姑且相信傳進來的顏色代碼都是合法的。

所以我們的邏輯是這樣的：

1. 檢查是否為禁用狀態 isDiabled ？若為禁用狀態，則回傳禁用顏色「灰色」。
2. 若非禁用狀態，則檢查是否為保留字 primary、secondary ？
3. 若是保留字，則將保留字轉換成對應的顏色代碼。
4. 若不是，則相信他是一個合法的顏色代碼。

```
1.  const makeColor = ({ themeColor, isDisabled }) => {
2.    const madeColor = theme.color[themeColor] || themeColor;
3.    return isDisabled
4.      ? theme.color.disable
5.      : madeColor;
6.  };
7.
8.  const btnColor = makeColor({ themeColor, isDisabled });
```

透過上述的方式就能把 themeColor 轉換成一個合法的顏色代碼，藉由 btnColor 這個參數來儲存。有了 btnColor ，我們就可以把它提供給不同 的 variant 來做顏色的調整。

1.4.4 禁用狀態 (isDisabled)

禁用狀態也是由外部的狀態來控制，所以我們會有一個名為 isDisabled 的 props 來決定目前按鈕的禁用狀態：

```
1.  const StyledButton = styled.button`
2.    /* 客製化樣式 */
3.  `
4.
5.  const Button = ({
6.    isDisabled,
7.    ...props
8.  }) => {
9.    return (
10.     <StyledButton
11.       {...props}
12.       disabled={isDisabled}
13.     >
14.       {children}
```

```
15.    </StyledButton>
16.   );
17. };
```

外部傳入的 props 在這一套元件庫統一命名為 isDisabled，讓他看起來更像是一個布林值。

按鈕的禁用狀態有兩個部分需要處理，一個是外觀，一個是行為。

是由於我們的 Button 元件是也算是對原生 Html Button 的擴充，因此這裡希望直接使用原生的 disabled 屬性，之後搭配 CSS selector 做顏色的變化，對於 a11y 也會有更好的支援。

顏色的處理上，只要是 disabled ，我們一律給他灰色。因此，上一段提到的 btnColor 我們要做一些小調整。

```
1.  const DISABLED_COLOR = '#dadada';
2.  const btnColor = isDisabled ? DISABLED_COLOR :
    makeBtnColor(themeColor);
```

接著就是他滑鼠的 cursor 我們可以給他禁用圖標，而且由於禁用的按鈕不會有點擊事件，所以我們也取消讓人家覺得他可以點的樣式，例如 hover 及 active 的樣式。

```
1.  const disabledStyle = css`
2.    cursor: not-allowed;
3.    &:hover, &:active {
4.      opacity: 1;
5.    }
6.  `;
7.
8.  const StyledButton = styled.button`
9.    //...other style
```

```
10.
11.    &:disabled {
12.      ${disabledStyle}
13.    }
14.  `;
```

接下來，我們要來處理禁用狀態時的行為。在禁用狀態時，不只顏色要改變，原本所要觸發的行為也要被停止，這才是真正的禁用。如果沒有使用 button 原生的 disabled 的話，我們就需要像下面這樣自己處理禁用的邏輯：

```
1.  <StyledButton
2.    {...props}
3.    disabled={isDisabled}
4.    onClick={isDisabled ? null : props.onClick}
5.  >
6.    {children}
7.  </StyledButton>
```

但是因為我們使用了原生 button 的 disabled，所以其實這裡的行為就已經被 button 本身所控制，因此在禁用狀態的時候我們不用自己處理 onClick 被禁用的邏輯：

```
1.  <StyledButton
2.    {...props}
3.    disabled={isDisabled}
4.    onClick={props.onClick}
5.  >
6.    {children}
7.  </StyledButton>
```

1.4.5 載入狀態 (isLoading)

按鈕的載入狀態我們讓他在文字的左邊有一個 circular progress。

▲ 圖 1-5 帶有載入狀態的按鈕

實作上的想法如下，當 isLoading 為 true 的時候，我們就顯示 circular progress，就是這麼單純，然後稍微調整一下他的大小、圖示與文字的對齊、間距就可以了：

```
1.  const Button = (props) => (
2.    <StyledButton {...props}>
3.    {isLoading && (
4.      <StyledCircularProgress
5.        $variant={variant}
6.        $color={btnColor}
7.        size={16}
8.      />
9.    )}
10.     <span>{children}</span>
11.   </StyledButton>
12.  );
```

考慮到樣式上變化的細節，**當 variant 不同時，circular progress 的顏色也需要不同**，這部分如果忘記處理就會看起來怪怪的，但基本上就是跟著文字的顏色走應該就沒錯了。

```
1.  const StyledCircularProgress = styled(CircularProgress)`
2.    margin-right: 8px;
3.    color: ${(props) => (props.$variant === 'contained' ?
      '#FFF' : props.$color)} !important;
4.  `;
```

🏔 情境討論

值得一提的部分是，Button 會有 loading 狀態的時候，大部分的狀況是表單送出在等待 API response 的時候，所以在 loading 狀態，是否還允許使用者點擊按鈕繼續觸發 API request 呢？很多情境下其實我們不希望這樣的狀況發生。

如果這個 loading 瞬間完成，快到使用者無法點兩下，那倒還好，但如果真的都這麼快，好像我們也不用特別做一個 loading 狀態放在那邊告知使用者。

因此，若考慮到上述狀況，我們直接讓 loading 狀態的時候就 disable Button，其實也是蠻不錯的，這樣的機制要直接做在共用 Button 內？還是要由元件外面的條件來控制？我覺得也是一個值得討論的議題，但團隊有共識還是最重要的。

1.4.6 帶有圖示 (icon) 的按鈕

在按鈕文字的左邊、右邊放上 icon，邏輯上跟 isLoading 差不多，就是 props 有傳入，就讓他出現，沒傳入，就不要 render 出來。

因為 startIcon & endIcon 都是由外部傳入的，因此樣式也可以由外部來控制，不會被綁死在元件當中。

甚至如果我們不喜歡這個 startIcon & endIcon，直接把 icon 跟按鈕內容透過 children 傳進來，以這樣的架構來看也是可以做到的。不過既然這裡都已經提供了 startIcon & endIcon，非特殊情況下，較好的方式還是希望整個專案中能夠統一寫法：

```
1.  const Button = (props) => (
2.    <StyledButton {...props}>
3.      /* 省略程式碼... */
```

```
4.      {startIcon && <StartIcon>{startIcon}</StartIcon>}
5.      <span>{children}</span>
6.      {endIcon && <EndIcon>{endIcon}</EndIcon>}
7.    </StyledButton>
8.  );
```

1.4.7 客製化樣式

對於這個按鈕特殊情況下的樣式,我們也保留了客製化樣式的空間,例如我們允許從外面傳入 className 以及 style 這兩個 props,所以我們可以做到如下的操作,藉此來改變透過其他 props 無法調整的樣式:

```
1.  <Button
2.    endIcon={<DownloadIcon />}
3.    onClick={props.onClick}
4.    className={props.className}
5.    style={{
6.      background: 'linear-gradient(45deg, #FE6B8B 30%, #FF8E53
        90%)',
7.      borderRadius: 50
8.    }}
9.  >
10.   Button
11. </Button>
```

▲ 圖 1-6 客製化背景顏色及圓角樣式的按鈕

1.5　原始碼及成果展示

https://github.com/TimingJL/13th-ithelp_
custom-react-ui-components/blob/main/src/
components/Button/index.jsx

▲ 圖 1-7　Button 原始碼

https://timingjl.github.io/13th-ithelp_custom-
react-ui-components/?path=/docs/ 數據輸入元
件 -button--default

▲ 圖 1-8　Button 成果展示

數據輸入元件 - Switch

2.1 元件介紹

Switch 元件是一個開關的選擇器。在我們表示開關狀態，或兩種狀態之間的切換時，很適合使用。根據 Antd 的説明，這個元件和 checkbox 其實很像，但區別是，**checkbox 一般只用來標記狀態是否被選取，需要提交之後才會生效**，而 **Switch 則會在觸發的當下直接觸發狀態的改變**。

我們生活中常見的 Switch 應用情境有：

- Wi-Fi 開 / 關
- 網頁 Dark Mode 開 / 關
- iPhone 鬧鐘 開 / 關
- 顯示隱藏的項目 顯示 / 隱藏
- 開啟即時通知 開 / 關
- 靜音模式 開 / 關

2.2 參考設計 & 屬性分析

2.2.1 開關屬性 (checked)

checked 屬性是每個 Switch 必備的屬性，是一個 boolean 值，決定按鈕的開關狀態。

2.2.2 事件屬性

Switch 的事件屬性也相對單純，但仔細去比對不同 library 的時候發現也是各家做法不同。像是 MUI 是透過 onChange 來改變 Switch 的開關；而 Antd 則是透過 onClick 來改變 Switch 的開關，另外也支援 onChange 事件，但意義上特別強調開關變化時會被觸發，意思就是說，有可能某些應用是不直接透過點擊 Switch 來改變開關的狀態，但是當開關的狀態改變時，還是會觸發 onChange 事件。

會有這樣的差異，經過觀察我猜測，應該是各家實作 Switch 的方式的不同造成的，因為 MUI 是透過改寫 **<input type="checkbox" />** 元件來實作 Switch，所以主要改變 input 元件的事件是用 onChange。而 Antd 則是透過改寫 button 元件來實作 Switch，因此主要來改變開關的事件才會使用 onClick。

2.2.3 狀態屬性

disabled 屬性，disabled 屬性也是各家元件庫都會有的屬性，透過 boolean 值來控制元件是否被禁用。

loading 屬性，讓我比較驚訝的是 Antd 居然有 loading 屬性，這個是在 MUI 以及 Bootstrap 沒有看到的，因為在我的使用經驗及開發經驗當中比較少看到這樣的設計，所以除非我的設計師在 guideline 上面這樣畫，否則我應該不會考慮把這個功能做進我的元件裡。但仔細想想，根據 Switch 的定義，因為 Switch 需要在觸發當下就生效，有可能會透過觸發 Switch 來發送 api，在這個情境之下，因為是非同步處理，所以會需要在 Switch 上面有 loading 的狀態。

2.2.4 顏色屬性

在 MUI 當中提供了 color 的 props 傳入，可以傳入的值也只能是預設的 primary、secondary、default，不過由於 MUI 的 JSS 可以讓我們更有彈性的客製化樣式，官網上面也提供範例，因此要更改成別的顏色也是沒有問題的。像有些比較絢麗的網站就可能會需要支援更多的顏色。而 Antd 就沒有提供 props 的介面傳入，因此如果要更改顏色，應該也只能夠透過覆寫 class 中的樣式來更改。但我覺得如果是對於顏色變化要求比較高的網站，有個 props 傳入會是比較方便的。

2.2.5 元件大小 (size)

MUI 及 Antd 都共同擁有的屬性之一，就是 size 屬性，其中 MUI 提供傳入的是 medium、small，而 Antd 提供的是 default、small。

2.2.6 label 屬性

label 屬性我覺得是 Switch 元件設計上的重頭戲，因為 label 也是 Switch 的必備屬性之一，但是市面上不同函式庫的 label 位置也是五花八門。

MUI 這邊的設計還蠻有意思的，他不直接把一些 form 相關的屬性綁死在這個元件上，而是將這些 form 常會用到的屬性獨立抽出成一個元件叫做 FormControlLabel，如此一來，我們一些 form 元件會用到的屬性，例如 value、disabled、onChange、label、labelPlacement 等屬性就能夠讓 Radio、Switch、Checkbox 共用，看到這樣的設計也是讓我學了一課。

透過這個 FormControlLabel 的 label 屬性，可以決定 label 的內容，而 labelPlacement，可以決定他的上、左、下、右，分別是 top、start、bottom、end。

▲ 圖 2-1 MUI 函式庫中放置於不同位置的 label

Antd 提供的 label 就是另一套設計，是把 label 文字直接置入 Switch 當中，提供兩個 props，checkedChildren、unCheckedChildren 分別代表開、關的文字內容，而且很厲害的是，隨著 label 文字的長短，整個 Switch 的長度也會彈性增減。當然 Antd 的 Switch 若要把 label 放在上、左、下、右也是沒有問題，但就不是透過他提供的 props 傳入就能做到，而是要自己另外刻畫面。

這是一個非常非常非常長的 label ◯

▲ 圖 2-2 Antd 函式庫中 Switch 的 label

情境討論

各家的 UI library 也有其有特色的屬性，像是 MUI 還可以讓我們傳入 icon 來改變 checked/unchecked 狀態的 thumb。剛剛提到 Antd 還有 loading 等等的屬性，在 thumb 上面能夠顯示 circular progress。Switch 能夠變化的花招真的也非常多，這些介面和功能的設計，我覺得可以按照大家的需求來做取捨。

實戰經驗分享

雖然起初一看到 Switch 元件會覺得是一個不起眼的簡單元件，但看到 label 這個屬性之後，真的也不得不開始讚嘆他的複雜度。所以，比起問說，到底應該要怎麼設計才是一個好的 Switch？不如換個問法，到底跟你配合的設計師會做出怎麼樣的設計呢？光是一個 label 的變化就有這麼多種，所以千萬不要相信你的 PM 或是設計師告訴你「我們會盡量在設計新的頁面的時候參考原本的設計，不會改太多」然後就他設計他的，你做你的，到時候你真的見到設計圖的時候，有非常高的機率會讓你後悔當初沒有找他一起討論並訂下 guideline。

雖然我們也很希望做一個元件就能夠包山包海，幻想著因此就能一勞永逸，但這樣的想法在變化多端的軟體開發領域或許真的很難達成，特別是若你是在新創公司，產品為了跟競爭對手較勁而必須要各種趕工的時候，真的沒有太多時間讓你可以慢慢地刻元件。所以，比起想說要做一個萬能元件，不如好好釐清需求、未來元件變化的可能性，這樣才是上策。

2.3 介面設計

在這個 Switch 元件當中，我們選擇實作大部分的 Switch 都會有的 props，如 isChecked、isDisabled、themeColor、onClick、onChange 這幾個參數傳入介面。

在 Label 的部分，我們提供了 checkedChildren、unCheckedChildren 這兩個 props 讓我們傳入，這樣可以做到像 Antd Switch 的 label 一樣的效果，把文字放在 Switch 裡面。

另外在顏色設置方面，我們跟前一章的 button 使用一樣的名稱 themeColor，因為同一套函式庫，我們希望元件之間能夠保持一致性，同樣的屬性我們就用同樣的命名。

屬性	說明	類型	預設值
isChecked	開啟或關閉	boolean	false
isDisabled	禁用狀態	boolean	false
themeColor	設置顏色	primary、secondary、色票	pirmary
onChange	狀態改變	function	

屬性	說明	類型	預設值
checkedChildren	開啟狀態的內容	string	
unCheckedChildren	關閉狀態的內容	string	

實戰經驗分享

同一套函式庫裡面，傳入參數的屬性命名一致也是很重要的，以這裡的 themeColor 來説，如果 button 的顏色設置叫做 themeColor，但同時 switch 的顏色設置叫做 color，這樣如何呢？又或者，兩個名字都叫做 themeColor，但一個只接受 primary、secondary 這類的關鍵字，另一個 卻是只接受色票號碼，這樣如何呢？

這些不一致性絕對會讓使用這些元件的工程師感到很困惑，甚至可能寫 code 寫到一半翻桌。所以在設計元件的時候，如果我們是中途接手某個 專案，**我建議最好熟悉一下前人設計的元件，並且盡量跟他們的習慣保 持一致**。否則，即使我們有更好的考量而選擇跟前人不同的做法，那這 樣我們就是在為三個月以後的你，或是接手你專案的人埋下許多地雷。 除非，你願意把前人的 code 也都改掉，保持整個專案的一致性，但同 時你也要確保你真的完全理解前人的想法，否則很容易在修改之後在意 想不到的地方出現 bug。

■ 2.4 元件實作

2.4.1 基礎結構

透過觀察這個按鈕，我希望整個結構上是一個 wrapper 包住 label 以及 thumb 元件，這邊的 label 指的是 children label，如果是外部的 label 我們 另外處理，不綁死包含在這個元件當中，這樣的結構簡單而且直覺。可以想像，label 跟 thumb 是相對於 wrapper 做定位，因此 wrapper 的 position 會是 position: relative;，而 label 及 thumb 則是 position: absolute;。

```
1.  <SwitchButton
2.    onClick={() => {}}
3.    {...props}
4.  >
5.    <Thumb $isChecked={isChecked} />
6.    <Label $isChecked={isChecked}>
7.      {
8.        isChecked
9.          ? checkedChildren
10.          : unCheckedChildren
11.      }
12.    </Label>
13. </SwitchButton>
```

▲ 圖 2-3 Switch 元件基礎結構外觀

2.4.2 Thumb 的定位

在設定完 absolute position 之後，我們能夠透過 top、right、bottom、left 來對上層的 wrapper 做定位，當 unchecked 的時候，thumb 在左邊，label 在右邊；當 checked 的時候，thumb 在右邊，label 在左邊。

但是要注意的是，如果想要做到切換 Switch 時能夠有過場的 transition 滑動動畫，我們就只能選擇單一屬性來變化，例如這邊選用 left，thumb unchecked 的時候 left: 0px，而在 checked 的時候，要計算所要移動的距離，讓他可以靠在最右邊：

```
1.   const Thumb = styled.div`
2.     // {...其他省略屬性}
3.
4.     position: absolute;
5.     ${(props) => {
6.       if (props.$isChecked) {
7.         return `left: ${props.$switchWidth - props.$thumbSize}px;`;
8.       }
9.       return 'left: 0px;';
10.    }}
11.  `;
```

以 left 來定位，若要計算靠右時所需要移動的距離，我們可以由下圖來觀
察，**以 thumb 最左邊的邊界做為移動中心點**，如果移動一個 switch 寬度
的距離，他就會跑出去 switch 外面，因此需要讓他回來一個 thumb 直徑的
距離，他才會恰好在 switch 範圍內。

▲ 圖 2-4 Thumb 對外部 wrapper 以 left 定位的分解動作

若不管 children label 的話，加上 css transition，到目前為止我們已經完成
了一個簡單的 switch 了。

而且若我們把 switch width 以及 thumb size 都參數化，透過上述公式的計
算，我們就能夠隨意改變 switch 的 size 而不會讓這個元件容易跑版。

🔨 技術大補帖

在處理 Switch 切換時的過場，本書示範是使用 top、right、bottom、left 等屬性搭配 CSS transition。但事實上，如果我們想要在效能上多著墨的話，使用 transform: translate(...) 取代 top、right、bottom、left 會是效能較好的選擇，特別是在轉場時間比較長的情境當中，整個動畫過程會更滑順。但本書希望在說明上更淺顯易懂，因此採用語意上較容易理解的 CSS 屬性。

希望讀者在理解原理之後，不妨試著用 transform: translate(...) 來做做看喔！

實戰經驗分享

在實作 switch 的時候有一個經驗上的小建議，就是建議將 thumb size 以及 switch size 能夠參數化。並且在做 thumb 定位的位移時，也都盡量用這些參數來計算移動的距離。為什麼要這樣做呢？我們想想看，如果這些數字都沒有參數化，是直接寫死一個數字的話，一開始當然可以運作得很好。但是哪天需求改變了，例如有個需求需要讓 switch 可以有不同的 size，不管他是要拉長，還是要等比例放大，或者不等比例放大等等，那這些位移是不是就要重算一次了呢？我們要再想辦法重新對齊這些元件，這些瑣碎的調整真的會相當的困擾。

所以最漂亮的做法，當然是這些部分都參數化之後，我們只要改動一個參數，就能夠讓 switch 做到等比例放大等等這些效果。**改動的地方越少，程式當然就越不容易出錯囉！**

2.4.3 Label

放在元件 children 的 label，這裡的屬性名稱為 checkedChildren 和 unCheckedChildren。我們剛剛已經實作過了 thumb 的定位，同樣的，children label 的定位也是一樣的原理。把 label 想像成一個反過來的 thumb，thumb 靠左邊的時候 label 就靠右邊，反之亦然；因此先前 thumb 用 left 來定位，這邊的 thumb 可以用 right 以同樣的邏輯來定位，移動一個 switch 寬度的距離，再扣掉 label 寬度的距離，有需要的話再稍微微調一下間距就可以了。

```
1.  const Label = styled.div`
2.    // {...其他省略屬性}
3.
4.    position: absolute;
5.    ${(props) => {
6.      if (props.$isChecked) {
7.        return `right: ${props.$switchWidth - props.$labelWidth}
          px;`;
8.      }
9.      return 'right: 0px;';
10.   }}
11. `;
```

其中這邊跟 thumb 不一樣的是，因為 label 的寬度會隨著傳進來的字詞長度做改變，因此我們需要去想辦法動態取得 label 的寬度。這邊我使用的方式是透過 useRef 這個 hook，在 render 完之後去取得 label 的寬度。

```
1.  <Label
2.    ref={labelRef}
3.  >
4.    {
5.      isChecked
```

```
6.        ? checkedChildren
7.        : unCheckedChildren
8.    }
9. </Label>
```

再來因為**我希望整個 switch 的寬度是由 thumb size 以及 label width 所計算出來的**，所以當 label 為空字串的時候，我希望也能夠留一點寬度讓 switch 不要變得太短，所以給一個 minLabelSize。

並且 minLabelSize 我希望是能夠相對於 thumb size 來計算，如此未來如果我想要微調 switch 的大小的時候，我只要去調整 thumb size，其他的部分就能夠相對於 thumb size 的比例做調整。

但要注意的是，**thumbSize * 1.2** 很可能讓後來維護的人覺得是一個 magic number，因此如果沒有辦法有一個更容易讓人理解的寫法的話，建議可以寫個註解。

當 label 的長度有變化時，會執行以下程式碼：

- 取得當前 label 長度
- 將 label 長度設為 minLabelSize 與 currentLabelWidth 比較小的那個值。

```
1. useLayoutEffect(() => {
2.    const minLabelSize = thumbSize * 1.2;
3.    const currentLabelWidth = labelRef?.current?.clientWidth;
4.    if (currentLabelWidth) {
5.      setLabelWidth(currentLabelWidth < minLabelSize ?
                      minLabelSize : currentLabelWidth);
6.    }
7. }, [labelRef?.current?.clientWidth]);
   // 僅在 label 長度更改時才重新執行 useLayoutEffect
```

▲ 圖 2-5 會跟著 label 長度做適應性調整的 Switch 元件

> 🔨 **技術大補帖**
>
> 談到 useLayoutEffect 前我們先來介紹 useEffect。
>
> useEffect 接收兩個參數，第一個是一個函式，定義 componentDidMount 或 componentDidUpdate 要做什麼事，此函式的回傳值也要是一個函式，表示 componentWillUnmount 要做什麼事。第二個是一個 array，裡面是定義當哪些變數被改變時，這個 useEffect 要重新被觸發。
>
> useLayoutEffect 的使用方式及語法，跟 useEffect 是一模一樣的，唯一的差別是 useEffect 是在畫面渲染後執行，而 useLayoutEffect 是在畫面渲染前執行。
>
> 因為在這裡的第一個參數是 label 的長度，labelRef?.current?.clientWidth，但我們要取得這個數值需要在第一次渲染之後，而且會改變 state，所以在初始畫面的時候會多一次渲染。為了減少一次畫面渲染，所以這裡採用 useLayoutEffect 來避免這個問題。

2.4.4 主題顏色 (themeColor)

主題顏色的設置需求上跟 button 是一樣的，我們希望傳入的參數包含有 primary、secondary 以及色票。所以在實作方面也會非常相似。同時我們也需要考慮到「禁用狀態」時的顏色。在顏色的設置上因為考慮到整套函式庫會共用，因此我們把共用邏輯統一抽出來維護，避免在不同的元件裡面一直重複同樣的程式碼。

在處理顏色上，我希望有一個方便使用的函式 makeColor()，我只要告訴他我目前指定的主題色 (themeColor)，以及我目前是否為禁用狀態 (isDisabled)，那他就要回傳給我正確的顏色：

```
1.  const switchColor = makeColor({ themeColor, isDisabled:
                       !isChecked });
```

那這個 makeColor() 的實作邏輯跟 button 在判斷顏色是一樣的，所以我把共用的部分抽出來，並且把它包在一個 custom hook 裡面，目的是為了使用 useTheme() 這個 hook，來取得全站共用的主題色：

```
1.  import { useTheme } from 'styled-components';
2.
3.  export const useColor = () => {
4.    const theme = useTheme();
5.
6.    const makeColor = ({ themeColor, isDisabled }) => {
7.      const madeColor = theme.color[themeColor] || themeColor;
8.      return isDisabled
9.        ? theme.color.disable
10.       : madeColor;
11.   };
12.
13.   return {
14.     makeColor,
15.   };
16. };
17.
18. export default { useColor };
```

這樣我們就能夠把 switchColor 當作 props 傳入 styled-components，用來指定元件的顏色了：

```
1.  const SwitchButton = styled.div`
2.    background: ${(props) => props.$switchColor};
3.    border: 3px solid ${(props) => props.$switchColor};
4.    /* 省略其他樣式以便於聚焦說明 */
5.  `;
6.
7.  <SwitchButton
8.    $switchColor={switchColor}
9.    {...props}
10. >
11.   {/* children */}
12. </SwitchButton>
```

實戰經驗分享

我們這次實作 makeColor() 讓元件彼此能夠共用相同的程式碼,這是一個很重要的概念與實踐。舉例來說,我們當初在實作 button 的時候,可能並不知道未來的 switch 元件會跟 button 共用顏色設置的程式碼。但是當實作到 switch 的時候發現有需要共用程式碼,那這時候最好就將這段程式碼抽離出來,獨立成一個共用函式,讓兩個元件能夠共用,同時實務上我們也會回去改 button 元件,讓他可以共用我們後來抽出的程式碼,而非用原本的寫法。

當然我們剛入行的時候,最直覺的做法就是將同樣的程式碼從 button 複製之後貼到 switch 上面,這樣的做法雖然快速、簡單、暴力,卻會延伸出後續維護上的問題。例如我們今天 30 個元件當中,有 20 個都有這段程式碼的副本,那假設這段程式碼後來發現需要修改呢?你是否能夠精準的找到這 20 個地方並且修改正確呢?那又假設你漏掉一個地方,或是有一個地方改錯了,導致跟其他應該要一樣的地方不一樣,那會產生什麼後果呢?各種隱藏的、不可預期的錯誤,將在未來某一天悄然發生,

而你卻不知道到底當初發生了什麼事，在這種情況下你要去找 bug，多
麼不容易不是嗎？

所以，我們雖然無法確保一開始寫的程式碼就是最好的，但是當遇到可
以共用的程式碼時，記得把它抽出來共用，這樣我們的程式碼就會越來
越好。

2.4.5 事件處理

❑ onClick 事件

為了保持單一真相來源，isChecked 狀態統一由外部控制，避免內部又
有另外一個 isChecked 的 state。而 onChange 事件就成了唯一能改變
isChecked 的函式。

```
1.  <SwitchButton
2.    onClick={onChange}
3.    {...props}
4.  >
5.    {/* children */}
6.  </SwitchButton>
```

這邊舉例，下面示範程式碼透過外部的 isChecked 和 setIsChecked 來控制
Switch 元件的狀態：

```
1.  export const Default = () => {
2.    const [isChecked, setIsChecked] = React.useState(false);
3.    return <Switch isChecked={isChecked} onChange={() =>
         setIsChecked((prev) => !prev)} />;4. };
```

❑ **onChange 事件**

onChange 事件我們希望他是在 switch 狀態改變的時候被呼叫,這樣使用 switch 元件的人,他就可以監聽狀態改變事件,讓他可以在狀態改變之後 做一些對應的事。例如可能使用這個元件的人,希望在狀態改變之後去打 一支 API 等等之類的動作。

這裡我們使用 useEffect 的第二個傳入值,comparison array 來檢查先 前狀態與目前狀態是否一樣,若有偵測到改變,則執行 onChange 這 個 callback function,並且讓呼叫這個 callback 的人可以拿到當前的 isChecked 狀態:

```
1.  useEffect(() => {
2.    onChange(checked);
3.  }, [checked]);
```

2.4.6 禁用狀態 (isDisabled)

在禁用狀態的部分,我們一樣需要處理外觀和行為。在外觀方面,顏色設 置的小節已經透過 makeColor() 搞定了,只需要再加上禁用的游標樣式:

```
1.  const SwitchButton = styled.div`
2.    cursor: ${(props) => (props.$isDisabled ? 'not-allowed' :
                          'pointer')};
3.    // 省略其他樣式
4.  `;
```

接下來行為的部分也很簡單,如下程式碼,我們用一個三元運算來決定 onClick 函式是否要被觸發:

```
1.  <SwitchButton
2.    onClick={isDisabled ? null : onChange}
```

```
3.    {...props}
4.  >
5.    {/* children */}
6.  </SwitchButton>
```

2.5 原始碼及成果展示

https://github.com/TimingJL/13th-ithelp_
custom-react-ui-components/blob/main/src/
components/Switch/index.jsx

▲ 圖 2-6 Switch 原始碼

https://timingjl.github.io/13th-ithelp_custom-
react-ui-components/?path=/docs/ 數據輸入元
件 -switch--default

▲ 圖 2-7 Switch 成果展示

數據輸入元件 - Radio

▌3.1 元件介紹

Radio 是一個單選框元件。讓我們在一組選項當中選擇其中一個選項。當我們的情境是希望用戶可以一次看到所有選項時，可以使用 Radio Button。在 MUI 及 Antd 都有個共同的說明，就是 Radio Button 的選項不宜多，如果你的選項多到需要被折疊，那建議你使用更不佔空間的下拉選單元件。

▲ 圖 3-1 Radio 元件

▌3.2 參考設計 & 屬性分析

3.2.1 checked 屬性

checked 屬性是每個 Radio Button 必備的屬性，是一個 boolean 值，透過這個屬性來決定該選項是否被選取。

3.2.2 狀態屬性

disabled 屬性也是每個 Radio Button 的必備屬性，表示這個 Radio 被禁用，禁止改變他的當前狀態。

當然 Radio Button 應該就不會有 loading 屬性了，畢竟 Radio Button 不是在當前改變的時候觸發動作，是需要發送按鈕按下之後才會將結果送出。

3.2.3 外觀屬性

大小的部分 MUI 以及 Antd 的一樣是用 size 來控制，其中 MUI 的傳入值可以是 medium、small，而 Antd 的傳入值可以是 large、middle、small。

顏色的部分，MUI 提供 color 這個 props 讓我們傳入，傳入值可以是 primary、secondary、default，而 Antd 從文件來看沒有特別提供明顯的介面讓我們改變 Radio 的顏色，如果要改顏色可能需要再看要用什麼方法去覆寫。

3.2.4 Label

Antd 的 label 屬性是放在 Radio 的 children component 裡面，而 MUI 的 label 及 labelPlacement 一樣是由另外的元件 FormControlLabel 來獨立控制。

3.2.5 Radio Group

由於 Radio Button 是單選選項，當介面有多個選項時，為了讓同一個 Group 的 option 做到單選的效果，MUI 及 Antd 都提供了 Radio Group 的 wrapper component 來協助我們將這些選項編輯為同一個群組，介面的設計上看起來他們也是蠻有共識的。

```
1.  // Antd Radio Group
2.  <Radio.Group value={value} onChange={handleChangeAntdRadio}>
3.      <Radio value={1}>A</Radio>
4.      <Radio value={2}>B</Radio>
5.      <Radio value={3}>C</Radio>
6.      <Radio value={4}>D</Radio>
7.  </Radio.Group>
```

```
1.  // MUI Radio Group
2.  <RadioGroup value={value} onChange={handleChangeMuiRadio}
    name="gender1" >
3.      <FormControlLabel value="female" control={<Radio />}
    label="Female" />
4.      <FormControlLabel value="male" control={<Radio />}
    label="Male" />
5.      <FormControlLabel value="other" control={<Radio />}
    label="Other" />
6.      <FormControlLabel value="disabled" disabled
    control={<Radio />} label="(Disabled option)" />
7.  </RadioGroup>
```

為了做群組單選的操作，這邊就不在單一個 Radio 上面監聽 onChange 的
事件，而是將 onChange 事件拉到外層的 wrapper 上面。並且也讓我們在
外層的 Radio Group 元件上能夠傳入 value 這個 props，用來告訴群組中
的選項哪一個是被選中的，若選項中的 value 跟傳入 Radio Group 的 value
一致，那這個選項就是 checked = true 的狀態。

3.3 介面設計

3.3.1 Radio Button 的屬性

屬性	說明	類型	預設值
value	用來幫助判斷是否被選中	any	
isChecked	開啟或關閉	boolean	false
isDisabled	禁用狀態	boolean	false

屬性	說明	類型	預設值
themeColor	設置顏色	primary、secondary、色票	pirmary
onClick	點擊事件	function(event: object) => void	
children	內容、label	element、string	

3.3.2 Radio Group 的屬性

屬性	說明	類型	預設值
value	用來幫助判斷是否被選中	any	
onChange	狀態改變的 callback function	function(event: object) => void	
columns	用來決定 children 排版的欄位數	number	1

▌3.4 元件實作

3.4.1 Radio

Radio 的結構是相對單純的結構，主要分成兩部分，第一部分是 Radio icon，第二部分是 label，我們的 label 是透過 children 來傳入；而透過 isChecked 這個 props 來決定顯示被選取或不被選取的樣式：

```
1.  <StyledRadio
2.    onClick={isDisabled ? null : onClick}
3.    $isDisabled={isDisabled}
4.    $btnColor={btnColor}
5.    {...props}
6.  >
```

```
7.    {
8.      isChecked
9.        ? <RadioButtonCheckedIcon className="radio__checked-
             icon" />
10.       : <RadioButtonUncheckedIcon className="radio__
             unchecked-icon" />
11.   }
12.   {!!children && <span>{children}</span>}
13. </StyledRadio>
```

在設計這個元件的時候，我將 checkdeIcon 以及 unCheckedIcon 各別給他一個 className，並且包覆在 StyledRadio 這個 wrapper 之下，主要的目的是我希望樣式的變化能夠透過 StyledRadio 這個父層的 styled-components 來處理就好，所以也就只需要把 props 傳入 StyledRadio 就能夠透過 className 來改變子層的樣式，而不用每個元件都需要各別傳入同樣的 props。

```
1.  const StyledRadio = styled.div`
2.    // {...其他樣式省略}
3.
4.    .radio__checked-icon {
5.      color: ${(props) => props.$btnColor};
6.    }
7.
8.    .radio__unchecked-icon {
9.      color: ${(props) => (props.$isDisabled ? DISABLED_COLOR :
           '#808080')};
10.   }
11.
12.   &:hover {
13.     .radio__unchecked-icon {
14.       color: ${(props) => (props.$isDisabled ? DISABLED_COLOR
```

```
              : props.$btnColor) };
15.       }
16.     }
17.  `;
```

3.4.2 Radio Group

接著我們來做一個陽春的 Radio Group，主要的目的是希望能夠透過它來統一管理子層單選的 Radio buttons，並且能夠做一些簡單的排版。

我希望使用起來可以像下面這樣，只需要父層傳入 value 及 onChange，子層的 Radio 傳入 value，就能夠做到單選效果：

```
1.  <RadioGroup
2.    value={selectedValue}
3.    onChange={handleOnChange}
4.    columns={2}
5.    style={{ maxWidth: 500 }}
6.    {...args}
7.  >
8.      <Radio value="male">Male</Radio>
9.      <Radio value="female">Female</Radio>
10.     <Radio value="others">Others</Radio>
11. </RadioGroup>
```

主要的作法如下，關鍵是會用到 React.Children.map 及 React.cloneElement 這兩個方法：

```
1.  <StyledRadioGroup
2.    {...props}
3.  >
4.    {React.Children.map(children, (child) => (
5.      React.cloneElement(child, {
```

```
6.           onClick: () => handleOnClick(child.props.value),
7.           isChecked: child.props.value === value,
8.       })
9.     ))}
10. </StyledRadioGroup>
```

React.Children.map 可以幫助我們將 array of Radio 的 children 做迭代，如同用 Array.prototype.map() 在處理一個陣列一樣。

在迭代當中的每一個迴圈，我們可以拿到的 child 就是一個 Radio element，此時再搭配 React.cloneElement 這個方法，藉此產生一個擁有原始 element 的 props 以及我們在這裡新注入 props 的全新 element。

簡單來說，就是我們想要把從 RadioGroup 傳進來的 props 經過運算之後，當作新的 props 注入每一個 child element 裡面，以這裡為例就是我們把 RadioGroup 傳入的 value 跟 child value 做比較，若相符就是被選中的 Radio，把這個 boolean 注入 isChecked，如此就能夠用這樣的方法達到 Radio 的單選功能。

🏕 情境討論

Radio 雖然跟其他元件相比，並不是那麼複雜，但實務上我們還是有可能會遇到很難用的 Radio。怎麼說呢？我覺得「這個元件可以使用在怎麼樣的情境？」是一個很重要的思考點。彈性的設計和設計的規範常常會成為設計元件上的拉扯，這部份的拿捏我覺得是最難的。

好比說，我有用過一個公司內不同專案的共用 Radio，他也有 Radio Group 的功能，幫我們很容易做到單選，但是那個元件有一個限制就是他不能只有 Radio Icon，也就是說這個 Radio 一定要伴隨著文字。因此沒有辦法做到如下圖這樣：

▲ 圖 3-2 沒有文字的 Radio 元件

但事實上，我們也不能怪人家設計不好，因為可能當時在設計這個元件的時候沒有那種情境。

當然，因為 Radio 相對單純，所以調整這個部分還不算太難，往往最難的是彼此的溝通。例如，可能當初開發這個元件的人是 A 團隊，他們沒有這種情境，後來成立 B 團隊了，他要共用元件，結果發現沒有這個功能，他也沒有權限可以去改 code，所以他要求 A 團隊要改，但是 A 團隊覺得這不關自己的事，所以不想改，或是改很慢，也考量一些情境不想開修改權限給 B 團隊。原本簡單的技術問題，後來就會變成政治問題。

雖然扯遠了，但是總而言之，即使是一個簡單的元件，如果沒有設計好，帶來的痛苦就會像牙痛一樣，牙痛不是病，痛了會要人命！

3.5 原始碼及成果展示

https://github.com/TimingJL/13th-ithelp_
custom-react-ui-components/blob/main/src/
components/Radio/index.jsx

▲ 圖 3-3 Radio 元件原始碼

https://github.com/TimingJL/13th-ithelp_
custom-react-ui-components/blob/main/src/
components/Radio/RadioGroup.jsx

▲ 圖 3-4 RadioGroup
　　元件原始碼

https://timingjl.github.io/13th-ithelp_custom-
react-ui-components/?path=/docs/ 數據輸入元
件 -radio--default

▲ 圖 3-5 Radio 成果展示

數據輸入元件 - Checkbox

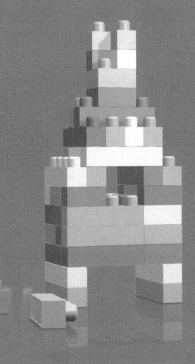

4.1 元件介紹

Checkbox 是一個多選框元件。通常使用情境是在一個群組的選項當中進行多項選擇時使用。

4.2 參考設計 & 屬性分析

4.2.1 checked 屬性

checked 是一個 boolean 值，透過這個屬性來決定該選項是否被選取。

4.2.2 狀態屬性

disabled 屬性表示這個 checkbox 是否被禁用，當前狀態如果是 checked 就不能被改變成 unchecked，反之亦然，也就是禁止改變他的當前狀態。當然這邊的改變指的是透過 onChange 來改變，如果直接改變 checked props 的話，還是可以改變當前的狀態。

4.2.3 外觀屬性

MUI 以及 Antd 的一樣是用 size 來控制不同情境需要的大小，其中 MUI 的傳入值可以是 medium、small，而 Antd 的傳入值可以是 large、middle、small。

顏色的部分也跟 Radio Button 雷同，MUI 提供 color 這個 props 讓我們傳入，傳入值可以是 primary、secondary、default，而 Antd 從文件來看沒有特別提供明顯的介面讓我們改變 Checkbox 的顏色。

4.2.4 Label

Antd 的 label 屬性是放在 Checkbox 的 children component 裡面，而 MUI 的 label 及 labelPlacement 一樣是由另外的元件 FormControlLabel 來獨立控制。

我們在點擊 Checkbox 或是 Radio Button 的時候，都希望 click 的監聽元件不只是那個 box 而已，因為這樣能夠被點擊的作用區域太小了，很容易讓使用者點不到，造成不好的使用體驗，因此如果我們點擊到他的 label 也希望能夠勾選，甚至如果 Checkbox 是 List item 的一部份的話，通常也是會希望整個 List item 被點擊的時候可以改變 Checkbox 狀態。

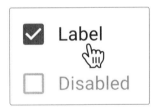

▲ 圖 4-1 點擊整個 List item 能夠改變 Checkbox 狀態

實戰經驗分享

到目前為止我們看過幾個很類似的元件，例如 Toggle Switch、Radio Button、Checkbox，甚至是一開始講的 Button，有很多屬性其實都蠻雷同的而且也是很多元件都有的，例如 checked、disabled、loading、label、size、color...... 等等。

我自己在設計元件的時候，會希望也會建議讓這些 props 的介面命名、型別、傳入值盡量保持一致，例如下面舉例一些不是很建議的案例：

- Checkbox 的 checked 叫做 checked，而 Switch 的 checked 卻叫做 open，然後可能 Radio Button 又叫做 selected。

- label 也是一樣，不建議有些元件叫做 label，有些元件叫做 text，可能又有些元件叫做 title。

- 可能有些人在某些元件讓 size 可以傳入 medium、small，然後另外的元件可傳入值叫做 big、middle、little.....。另外甚至有些 size 是這些固定的 string 傳入，但有些元件卻是讓 size 傳入一個 number。

在同一套系統當中我個人是會希望盡量統一介面，讓使用者好使用，不用特別再去看一下文件或是深入追一下 code 才知道使用方法，避免可能今天寫一寫，下個月又使用到同樣的元件又忘記了。

這樣的狀況可能會發生在同一個人設計不同元件上面 (可能上次設計類似的元件是一段時間以前了)，也有可能發生在不同人設計類似的元件上面，這些東西一點一滴累積起來，整個專案可能會變得越來越混亂、越來越難維護、越來越難以令人理解，因此建議設計新元件的時候，也需要去參考同個專案中其他元件的設計方式，比較能夠設計出統一一致的介面。

當然這樣的建議可能也只是理想和原則，實務上當然也可能遇到需要取捨的時候，但也至少需要是團隊有共識的設計，並且把這些不直觀的設計記錄下來，避免之後的人踩雷，或是不知道為什麼當初這樣設計而不小心改壞掉。

4.3 介面設計

屬性	說明	類型	預設值
isChecked	開啟或關閉	boolean	false
isDisabled	禁用狀態	boolean	false
themeColor	設置顏色	primary、secondary、色票	pirmary
children	內容、label	element、string	
onClick	點擊事件	function(event: object) => void	
onChange	狀態改變的 callback function	element、string	function(event: object) => void

4.4 元件實作

其實從介面上以及外觀來看，Radio 跟 Checkbox 相似度幾乎是 87%，唯一差別就是 Icon 不一樣，若因為 Icon 不一樣就把程式碼一模一樣複製一次，那這樣在程式碼裡面就需要維護兩套一模一樣的邏輯。因此我希望把前一篇提到的 Radio 重構一下，把 Radio 以及 Checkbox 會用到的部分抽出來成另一個元件，這邊暫時想不到更好的名字，姑且用 Option 這個名字。

所以 Radio 和 Checkbox 我們希望把它變成下面這樣，透過 props 把 checkedIcon & unCheckedIcon 傳進去，其他的邏輯以及樣式的部分就寫在共同的 <Option /> 元件裡面：

Radio：

```
1.  import RadioButtonUncheckedIcon from '@material-ui/icons/
      RadioButtonUnchecked';
2.  import RadioButtonCheckedIcon from '@material-ui/icons/
      RadioButtonChecked';
3.
4.  const Radio = (props) => (
5.    <Option
6.      checkedIcon={<RadioButtonCheckedIcon />}
7.      unCheckedIcon={<RadioButtonUncheckedIcon />}
8.      {...props}
9.    />
10. );
```

Checkbox：

```
1.  import CheckBoxIcon from '@material-ui/icons/CheckBox';
2.  import CheckBoxOutlineBlankIcon from '@material-ui/icons/
      CheckBoxOutlineBlank';
3.
4.  const Checkbox = (props) => (
5.    <Option
6.      checkedIcon={<CheckBoxIcon />}
7.      unCheckedIcon={<CheckBoxOutlineBlankIcon />}
8.      {...props}
9.    />
10. );
```

這樣 Option 其實就跟我們上一篇的 Radio 差不多，唯一的差別就是這裡我希望傳進來的 checkedIcon & unCheckedIcon 跟之前一樣擁有一個 className 方便我客製化他的樣式，因此用 React.cloneElement 這個方法

把 props 塞入其中 (實際上是複製一個一模一樣的 element 並給予他我們
傳入的 props)。

```
1.  <StyledOption
2.    onClick={isDisabled ? null : onClick}
3.    $isDisabled={isDisabled}
4.    $btnColor={btnColor}
5.    {...props}
6.  >
7.    {
8.      isChecked
9.      ? (
10.       React.cloneElement(checkedIcon, {
11.         className: clsx(checkedIcon.props.className,
                          'option__checked-icon'),
12.       })
13.     )
14.     : (
15.       React.cloneElement(unCheckedIcon, {
16.         className: clsx(unCheckedIcon.props.className,
                          'option__unchecked-icon'),
17.       })
18.     )
19.   }
20.   {!!children && <span>{children}</span>}
21. </StyledOption>
```

4.5 原始碼及成果展示

https://github.com/TimingJL/13th-ithelp_
custom-react-ui-components/blob/main/src/
components/Checkbox/index.jsx

▲ 圖 4-2 Checkbox 原始碼

https://github.com/TimingJL/13th-ithelp_
custom-react-ui-components/blob/main/src/
components/Option/index.jsx

▲ 圖 4-3 Option 原始碼

https://timingjl.github.io/13th-ithelp_custom-
react-ui-components/?path=/docs/ 數據輸入元
件 -checkbox--default

▲ 圖 4-4 Checkbox 成果展示

數據輸入元件 - Input Text / Text Field

5.1 元件介紹

Input 是一個輸入元件。通常在我們希望用戶能夠輸入一些資訊的時候會需要用到它。由於原生 html 的 input 透過 type 這個屬性的改變，還可以是 text、button、checkbox、radio、file、image、password... 等等，為了聚焦，我們本篇先討論純文字的輸入框。

Input 元件是一個我覺得還不認識他的時候會覺得是小菜一碟，但是開始慢慢仔細思考的時候，發現案情並不單純的元件，怎麼說呢？我們隨便打開一下 MUI、Antd、Bootstrap 對照來看，會發現，之前講的那幾個元件 Switch、Checkbox、Radio、Button 在不同 library 中樣式看起來大同小異，連 props 介面也大同小異。但是比對不同 library 的 Input 元件的時候，會發現其實差異還蠻大的，不管是樣式上的設計和程式介面的設計都有其各別獨自的特色。

看到這樣的差異一開始會還蠻驚訝的，但想一想也覺得可以理解的，畢竟讓使用者輸入的表單光是隨便舉例就能夠有幾十種甚至上百種，例如：輸入帳號、輸入密碼、輸入信用卡資訊、輸入網址、輸入地址、輸入日期、輸入金額、檔案上傳 ...... 等等。

並且 MUI 也很有意思，他特別為了文字輸入框另外做了一套元件叫做 TextField，命名上也更聚焦在文字輸入，並且也在上面添加各種樣式的變化以及功能。我覺得這個命名還蠻好的，因為本篇也只先討論純文字輸入，所以我也先暫且將這個元件稱作 TextField 應該會跟我們要做的功能比較一致。

不同情境的網站可能對於同一種使用者資料的輸入需求也都不一樣，例如：

- 各個國家的地址、姓名、電話格式不同，需要輸入的設計介面也會不同
- 搜尋輸入框，有些搜尋框需要有載入狀態、有些搜尋框甚至有下拉選單

所以，到底要設計出什麼樣的 Text Field 還是需要因地制宜。不過在這些五花八門的 Text Field 功能當中，也是有幾個共通之處的介面及樣式，我們可以找一些有共識的介面及屬性來實踐，至於其他各自特色的功能，再依照自己的需要添加即可。

▌5.2 參考設計 & 屬性分析

5.2.1 基本外觀

外觀上面常見的一些變化如下：

- border 的顏色，平常狀態顏色、hover 時的顏色、error 時的顏色，這個也是我們在 MUI 及 Antd 都可以看見的設計。
- onFocus 時的樣式，MUI 是 border 加深變粗變顏色，Antd 及 Bootstrap 則是添加了 outline 的樣式。
- disabled 時的樣式，MUI 是改變了 placeholder 的顏色，Antd 及 Bootstrap 則是改變背景顏色。

這些基本外觀通常也是設計師在決定這個網站的主題的時候就會需要決定的，比較少會遇到還需要再多設計一些 props 來特別改變這些性質的顏色或外觀 (例如：borderColor、placeholderColor...... 之類的)。頂多就是讓我們傳入 className 來做一些微調，或是像 MUI 這樣可以傳入 primary、secondary 來決定他的主題。

5.2.2 輸入內容，Controlled 與 Uncontrolled

在 HTML 中，表單的 element 像是 input、textarea 和 select 通常會維持它們自身的 state，並根據使用者的輸入來更新 state。然而，在 React 中，可變的 state 通常是被維持在 component 中的 state，並只能以 setState() 來更新。

為了維持「**唯一真相來源**」，防止資料不一致的錯誤，我們只會選擇一種方式來維持 state，因此這樣的表單處理分成 Controlled 和 Uncontrolled 這兩種，唯一真相來源若是使用 React 中的 state 來維持的話，叫做 Controlled component，反之，若 state 不由 React 控制，而是由 HTML element 本身自行來控制，則稱為 Uncontrolled component。

在輸入框裡，要呈現的內容的屬性有 defaultValue 以及 value，因此，如果我們同時在一個 input element 給定這兩個 props，則會跳出如下的警告：

Warning: [YourComponent] contains an input of type text with both value and defaultValue props. Input elements must be either controlled or uncontrolled (specify either the value prop, or the defaultValue prop, but not both). Decide between using a controlled or uncontrolled input element and remove one of these props.

在 React 中，defaultValue 用於 Uncontrolled component，而 value 用於 Controlled component。它們**不應該**在表單元素中一起使用，這點會需要特別留意。

在 Uncontrolled component 當中，由於資料不會交給 React 來管理，因此我們需要透過 useRef 這個 Hook 來取得 input element 當前的 value。

而 Controlled component 的資料是由 React 的 state 來管理，並且當作 props 傳入 input element 的 value 當中，當我們要改變資料的時候，會透過 onChange 事件來取得當前的 value，並且透過 setState 更新到 React 元件中的 state。

另一方面，當我們的 input element 只給他 value 屬性，卻不給他 onChange 屬性的時候，會跳出如下警告，跳出警告還不打緊，此時你也會發現你在輸入框中無法輸入任何內容，這是由於 props value 已經覆寫了 input element 本身的資料狀態，因此我們無法改變 input element 本身的資料，也同時無法觸發 onChange 事件來透過 setState 來改變 React state，導致卡在那邊動彈不得。

簡而言之，Controlled component 只有兩種可能，一個是 `value + onChange` 同時出現；另一種，就是 `value + readOnly`，這樣就允許不用給他 onChange 事件屬性。

Warning: Failed prop type: You provided a value prop to a form field without an onChange handler. This will render a read-only field. If the field should be mutable use defaultValue. Otherwise, set either onChange or readOnly.

那我們應該如何決定使用 controlled component 和 uncontrolled component 的時機呢？透過官網上的建議，其實我們大部分的情境都可以用 Controlled component 來處理，如此我們能夠透過一個簡單的 JavaScript function 來處理資料驗證、表單提交或是改變 UI。

使用 Uncontrooled component 的時機可能有下面幾個，一個是當 `<input type="file">` 的時候，因為該元素有安全性的疑慮，JavaScript 只能取值而不能改值，也就是透過 JavaScript 可以知道使用者選擇要上傳的檔案為何（取值），但不能去改變使用者要上傳的檔案（改值）。因此對於檔案上傳用的 `<input type="file" />` 只能透過 Uncontrolled Components 的方式處理。

另一種情境是，有時候我們只是想要簡單的去取得某個 input element 的值，或是想要直接操作 DOM，或許就適合 Uncontrolled component 的操作方式，但需要特別注意的是，因為 Uncontrolled component 是直接操作 element，因此當資料有變動時，並不會觸發 React 的生命週期來進行重新渲染，因此，若有重新渲染畫面的需求，建議還是使用 Controlled Component 來處理。

5.2.3 裝飾屬性

我們常可以看到 Text Field 的前後會出現一些 Icon 來幫助使用者識別這個輸入框要填入的內容，例如有一個錢號在前面，我們就知道他要填金額，而不同國家的錢號可以幫助我們快速識別這個輸入框需要填入哪種幣別的金額。

那如果輸入框裡面出現了放大鏡的 Icon，我們就可以知道是一個搜尋框，用來輸入要搜尋的關鍵字。那如果後面出現了單位，例如長度的單位「Km」，重量的單位「Kg」，也可以幫助我們快速理解這個輸入框需要我們輸入的內容。

我們可以來比較看看 MUI 及 Antd 是怎麼處理這些裝飾屬性。在 Antd 中，放在前面的前綴圖示叫做 prefix，放在後面的叫做 suffix，傳入的型別是 ReactNode；而在 MUI 中，這先前綴、後綴的裝飾 Icon 叫做 adorement，其中前面的叫做 startAdornment，後面的叫做 endAdornment，在 TextField 和 Input 兩個不同元件有不同的處理方式，在 TextField 中，是讓 startAdornment、endAdornment 以物件格式傳入一個叫做 InputProps 的 props 中，如下：

```
1.  import TextField from '@material-ui/core/TextField';
2.  import InputAdornment from '@material-ui/core/
        InputAdornment';
3.
4.  <TextField
5.    {...otherprops}
6.    InputProps={{
```

```
7.      startAdornment: (
8.        <InputAdornment position="start">
9.          Kg
10.        </InputAdornment>
11.      ),
12.    }}
13. />
```

而 Input 元件則直接把 startAdorment、endAdorment 分為兩個 props，範例如下：

```
1.   import Input from '@material-ui/core/Input';
2.   import InputAdornment from '@material-ui/core/InputAdornment';
3.
4.   <Input
5.     {...otherprops}
6.     startAdornment={(
7.       <InputAdornment position="start">
8.         $
9.       </InputAdornment>
10.    )}
11. />
```

這邊看起來是為了讓 adornment 可以被更細膩和獨立的控制，因此把一些相關的屬性再特別拉出來獨立成 InputAdornment 元件，這個設計方式跟 FormControl 被獨立拉出來感覺也是有異曲同工之妙。

雖然 MUI 這樣的設計也有它巧妙之處，但我個人的感覺是覺得我還是比較偏好 Antd 這樣的 prefix、suffix 設計，因為他特別拉出 InputAdornment 並沒有讓我特別感興趣的功能，所以不如直接傳入一個 prefix、suffix 還比較直覺一點；但這可能是我當下的經驗與使用情境不需要那麼複雜，或許哪天我的情境改變了，我就會覺得獨立出 InputAdornment 會是還不錯的選擇。

5.3 介面設計

屬性	說明	類型	預設值
value	輸入框內容	string	
defaultValue	預設輸入框內容	string	
prefix	前綴元件	ReactNode	
suffix	後綴元件	ReactNode	
placeholder	佔位文字	string	
isDisabled	禁用狀態	boolean	false
isError	輸入錯誤狀態	boolean	false
onChange	狀態改變的 callback function	function(event: object) => void	

5.4 元件實作

我們這次實作的 TextField 主要是希望幫 `<input type="text" />` 元件做一些加值功能，幫助我們減少處理一些重複性的樣式，因此結構上不想規劃得太複雜：

```
1.  const TextField = ({
2.    className,
3.    prefix, suffix,
4.    isError,
5.    isDisabled,
6.    ...props
7.  }) => (
```

```
8.    <StyledTextField
9.      className={className}
10.     $isError={isError}
11.     $isDisabled={isDisabled}
12.   >
13.     {prefix}
14.     <Input
15.       type="text"
16.       className="text-field__input"
17.       disabled={isDisabled}
18.       {...props}
19.     />
20.     {suffix}
21.   </StyledTextField>
22. );
```

這一個 TextField 主要著重在樣式上的處理，例如傳入 prefix、suffix 的 Icon
進來之後做一些樣式上的對齊、間距離等等。

然後透過傳入 isError、isDisabled 來做對應的顏色、樣式變化。值得一提的
是，我會把 isError 和 isDisabled 的樣式特別獨立出來寫，而不是只是寫在
上述結構的 `<StyledTextField />` 當中：

```
1.  import styled, { css } from 'styled-components';
2.
3.  const errorStyle = css`
4.    // 輸入錯誤狀態時的樣式...
5.  `;
6.
7.  const disabledStyle = css`
8.    // 禁用狀態時的樣式...
9.  `;
```

```
10.
11. const StyledTextField = styled.div`
12.   // default TextField style...
13.
14.   ${(props) => (props.$isError ? errorStyle : null)}
15.   ${(props) => (props.$isDisabled ? disabledStyle : null)}
16. `;
```

這樣做的好處是，我們不會讓 errorStyle 和 disabledStyle 去跟 default
TextField style 糾纏在一起，特別是如果又有一些 if...else... 的判斷來決定
樣式的時候，邏輯上會糾纏得更嚴重。

再來有一個地方的處理比較特別，下面程式碼我把一些參數拿掉讓視覺上
更聚焦：

```
1.  const TextField = ({
2.    /*...省略...*/
3.    className,
4.    ...props
5.  }) => (
6.    <StyledTextField
7.      className={className}
8.      /*...省略...*/
9.    >
10.     {prefix}
11.     <Input type="text" {...props} />
12.     {suffix}
13.   </StyledTextField>
14. );
```

就是我把從外面傳進來的 className 這個 props 留在 <StyledTextField
/> 這一層，而其他的 props 我放在 <Input /> 這個元件上。

為什麼想要這麼做呢？我們看看剛剛實現出來的 TextField，雖然邏輯上我們知道這裡的 `<input />` 是被包在一個 `<div />` 下面，但從 UI 上來看其實他就是一個整體。

▲ 圖 5-1 TextField

試想，當我們傳入一個想要客製化樣式的 className 進去 TextField 的時候，通常是想要客製化哪些樣式呢？不外乎就是這個 TextField 的 width、border、background .... 等等外觀樣式為主，因此將 className 放在 `<StyledTextField />` 上面是我覺得在修改這個元件的時候最直覺的。

但除了 className 以外，其他的 props 可能會是什麼呢？我認為應該最有機會是 value、onChange、placeholder... 等等跟 input 有關的參數，因此這些 props 需要被放在 `<input />` 上面，而不是他的父層 `<StyledTextField />`。

透過這樣的調整，可以讓我感覺像是在操作一般的 `<input />` 一樣，而不會讓我感受到他被一層 `<div />` 包起來，導致使用起來卡卡的。

5.5 原始碼及成果展示

https://github.com/TimingJL/13th-ithelp_
custom-react-ui-components/blob/main/src/
components/TextField/index.jsx

▲ 圖 5-2 TextField 原始碼

https://timingjl.github.io/13th-ithelp_custom-
react-ui-components/?path=/docs/ 數據輸入元
件 -textfield--default

▲ 圖 5-3 TextField 成果展示

6

數據輸入元件 - FormControl

6.1　元件介紹

FormControl 讓我們可以將 form input 所需要的共同前後文特性獨立出來管理，使被 control 的子元件之間的樣式能夠保持一致性。例如在 form input 元件 TextField、Switch、Checkbox 當中，將 label、required、error … 等邏輯與樣式獨立出來藉由 FormControl 來管理。

6.2　參考設計 & 屬性分析

這邊指的 FormControl 靈感是取自 MUI 的元件，因為看到這個元件的概念很不錯，所以想要借來改成自己適用的元件。

表單輸入的時候有許多的狀況需要處理，例如：

- 欄位是否為必填
- 欄位標題的名稱、位置、間距
- 限制輸入格式 (ex: 只能輸入數字、email 格式、電話格式 …)
- 輸入錯誤 (ex: 不符合格式、必填沒填) 時的樣式以及警告訊息

以標題名稱為例，標題名稱相對於輸入元件的位置、距離，其實在各個元件都有雷同的地方，例如 Switch、Checkbox、Radio。

這些部分真的看起來很像，所以如果在每個輸入元件裡面都把同樣的邏輯一模一樣再刻一次的話，想必這是違背了 Don't repeat yourself 原則。

另外有一些表單的處理，其實我覺得他沒有必要一定要跟輸入元件綁死在一起，以 TextField 來說，一個 TextField 最主要的功能就是讓人可以輸入 Text，如果他沒有 label，其實他還是一個 TextField；如果他沒有 error message，他仍然是一個 TextField。這些屬性就算沒有，也不會影響原本

元件的功能，像這些部分我們就能夠另外把它獨立出來，讓 TextField 就是
一個純粹的 TextField。

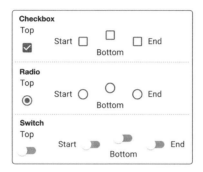

▲ 圖 6-1　各元件使用 FormControl 的 Label placement

因此上述這些附加價值，我們就用 FormControl 來另外處理，一方面可以
共用各種 form input 的共同樣式和屬性，另一方面也可以讓 form input 的
功能更保持單純。

▋6.3　介面設計

屬性	說明	類型	預設值
label	標題內容	string	
placement	標題位置	top-left、top、top-right、left、right、bottom-left、bottom、bottom-right	top-left
children	要管理的 form 內容	TextField、Switch、Radio、Checkbox	
isRequired	是否必填 (樣式)	boolean	false
isError	是否錯誤 (樣式)	boolean	false

屬性	說明	類型	預設值
errorMessage	顯示錯誤訊息	string	
maxLength	限制最大輸入長度	number	
onChange	狀態改變的 callback function	function	

6.4 元件實作

我們想像 FormControl 大概是像下面這樣的結構：

```
1.  <FormControlWrapper>
2.     <Label />
3.     {children}
4.     {(isError && errorMessage) && <ErrorMessage value=
       {errorMessage} />}
5.  </FormControlWrapper>
```

6.4.1 Placement

首先我們來實作 placement，我們來偷看一下 MUI 是怎麼做的：

▲ 圖 6-2 MUI 中 Label placement 的 html 結構

可以發現，無論 label 的位置是放在 form input 的哪個方位，他的 html 結構基本上都是一樣的，示意結構如下：

```
1.  <label>
2.    <span><Radio /></span>
3.    <span>{label}</span>
4.  </label>
```

那既然都是同樣的結構，要如何做到不同位置的擺放呢？關鍵就在於他的 css 樣式，以 label 在上，Radio 在下的這個案例來說，他的 css 有一個值得注意的地方，就是使用 `flex-direction: column-reverse;`，看來這一切的謎團到這邊就差不多解開了。

flex 佈局的 flex-direction 屬性能幫我們指定 flex 容器當中元素的主軸方向，其中有四個我們可以選用的值：

```
1.  flex-direction: row | row-reverse | column | column-reverse;
```

row 以及 row-reverse 都是橫軸方向，佈局的起點與終點為互相相反；另外 column 與 column-reverse 是縱軸方向，一樣是起點與終點互為相反。

在 placement 傳入元件之後，可以根據傳進來的參數來決定要選用哪個 flex-direction 值，藉此在不改變 html 架構下能夠做到 label 與 input control 不同方位的佈局。

我們的招數一樣用同一招，用物件的 key-value 結構來對應我們想要選用的 css 樣式：

```
1.  const placementStyleMap = {
2.    'top-left': topLeftStyle,
3.    top: topStyle,
4.    'top-right': topRightStyle,
5.    left: leftStyle,
6.    right: rightStyle,
7.    'bottom-left': bottomLeftStyle,
8.    bottom: bottomStyle,
```

```
 9.    'bottom-right': bottomRightStyle,
10. };
```

在各種不同方位的樣式當中，`flex-direction: column | column-reverse;` 來決定 label 在 input control 的上方還是下方，而至於是左上、右上、左下、右下，則搭配另外一個 flex 佈局的屬性 `align-items: flex-end | center | flex-start;` 來決定，我們就能夠做出不同方位的佈局：

▲ 圖 6-3 實現不同方位 Radio Label placement 成果展示

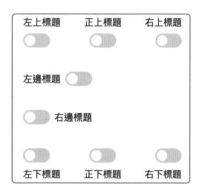

▲ 圖 6-4 實現不同方位 Switch Label placement 成果展示

6.4.2 Required

`isRequired` 這個 boolean 讓我們決定要不要在 label 上面顯示必填的樣式：

雖然這也是一個小功能，但是因為真的非常常被使用，因此我們也不想要每次用的時候都寫一次。

▲ 圖 6-5 必填樣式

實作如下，當 isRequired 為 true 的時候，就顯示必填的星號 `*`，就是這麼單純。

```
1.   const RequiredSign = styled.span`
2.     color: ${(props) => props.theme.color.error};
3.   `;
4.
5.   <div className="form-control__label">
6.     {label}
7.     {isRequired && <RequiredSign>*</RequiredSign>}
8.   </div>
```

6.4.3 Error Message

按下表單送出按鈕時，在表單送出前，同常
會讓前端先做一次檢查，看看是否有不符合
格式的欄位，是否有必填的欄位沒有填到等
等，若有錯誤的欄位，則會顯示圖 6-6 的錯
誤訊息樣式：

▲ 圖 6-6 錯誤訊息樣式

這個樣式會需要 input border 變紅，並且顯示 Error Message。

Error Message 的處理，就是簡單的 if...else... 判斷，若 isError 為 true 並且
也有傳入 Error Message，我們就顯示。

而 input border 變紅色，其實我們在 TextField 裡就有提供這樣的 props 可
傳入，但是其實我們不太想要父層傳一次 isError 進去，然後子層又傳一次
isError，感覺有點重複，如下：

```
1.   <FormControl isError={state.isError}>
2.     <TextField isError={state.isError} />
3.   </FormControl>
```

因此這邊我們希望借助 React.cloneElement 這個方法，把父層傳入的
isError 直接往下傳，這樣就不用自己在外面手動把 isError 又傳入子層，因

此 FormControl 的做法會如下示意：

```
1.  <FormControlWrapper>
2.    <Label />
3.    {React.cloneElement(children, {
4.      isError,
5.    })}
6.    {(isError && errorMessage) && <ErrorMessage value=
      {errorMessage} />}
7.  </FormControlWrapper>
```

6.4.4 輸入字數長度限制

有時候 TextField 會需要限制輸入字數的長度，類似像這樣的概念我們在
LINE 的輸入暱稱當中也可以看得到：

▲ 圖 6-7 LINE 輸入暱稱的輸入框限制輸入長度

其實並不是每一個 TextField 都會需要限制輸入字數的長度，所以把這
部分的功能拉出來用 FormControl 做我個人覺得也是很不錯的，可以讓
TextField 的功能保持單純，下圖是我們希望做到的樣式：

▲ 圖 6-8 限制輸入字數長度的 TextField

我大概會想要這樣操作元件，在 FormControl 傳入一個最大長度限制，以及一個 onChange function：

```
1.  <FormControl
2.    maxLength={12}
3.    onChange={...}
4.  >
5.    <TextField />
6.  </FormControl>
```

那要如何透過在 FormControl 這個父層傳入 onChange，就能夠知道子層 TextField 的輸入字數呢？還是那個一千零一招 React.cloneElement。

```
1.  React.cloneElement(children, {
2.    ...otherProps,
3.    onChange: handleOnChange,
4.  })
```

在 FormControl 元件內部，我們用 handleOnChange 這個 handle function 來監聽 TextField 輸入的變化，藉此來取得當前的輸入值，這樣就能夠在 FormControl 這個元件內部的 state 來記錄輸入字數的長度啦！如下面程式碼示意：

```
1.  const [childrenValue, setChildrenValue] = useState('');
2.
3.  const handleOnChange = (event) => {
4.    const targetValue = event?.target?.value;
5.    if (maxLength && targetValue.length > maxLength) return;
6.
7.    setChildrenValue(targetValue);
8.    if (typeof onChange === 'function') {
9.      onChange(event);
10.   }
11. };
```

我們得到當前 TextField 輸入值 childrenValue 之後，在 UI 上面就能夠刻畫
出我們預期的樣式：

```
1.  <LabelWrapper className="form-control__label-wrapper">
2.    <div className="form-control__label">
3.      {label}
4.      {isRequired && <RequiredSign>*</RequiredSign>}
5.    </div>
6.    {maxLength && <MaxLength>{`${childrenValue?.length} /
      ${maxLength}`}</MaxLength>}
7.  </LabelWrapper>
```

到目前為止我們就能夠完成一個簡易的 FormControl 了！

6.5 原始碼及成果展示

https://github.com/TimingJL/13th-ithelp_
custom-react-ui-components/blob/main/src/
components/FormControl/index.jsx

▲ 圖 6-9 FormControl 原始碼

https://timingjl.github.io/13th-ithelp_
custom-react-ui-components/?path=/docs/
數據輸入元件 -formcontrol--with-label

▲ 圖 6-10 FormControl 成果展示

7

數據輸入元件 - Slider

7.1 元件介紹

Slider 是一個滑動型輸入器，允許使用者在數值區間內進行選擇，選擇的值可為連續值或是離散值。

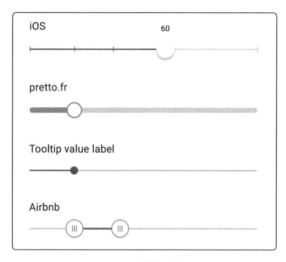

▲ 圖 7-1 各種樣式的 Slider

> **✏ 技術大補帖**
>
> 這邊不免俗的來名詞解釋一下，在 Slider 上面可讓我們拖拉的圓形小球一般都稱為 thumb，而整個 Slider 的可拖拉軌跡我們稱為 rail，而標示所選取範圍的軌跡稱為 track。
>
> 命名之所以重要不在於我們多麼想要裝逼來炫耀自己的英文，而是希望對於維護專案有一個共識，讓別人來維護這套程式的時候不至於因為命名的不統一而影響他對於程式碼的理解。

▌**7.2 參考設計 & 屬性分析**

這個元素看起來在 MUI 以及 Antd 都還蠻有共識的，在樣式上和他的變化型態都沒有太大的差異。大致上我們可以發現有幾種 Slider 的應用型態：

- 連續數值選擇的 Slider
- 離散數值選擇的 Slider
- 橫向的 Slider
- 縱向的 Slider
- 一個 rail 上有兩個 thumb 來選取區間範圍的 Slider

我們常看見的應用有：

- 影片 / 音樂播放的音量 Slider
- 螢幕調整亮度的 Slider
- 電商、租屋網站等等在選取金額範圍的 Slider

為了簡化複雜度，我們會先只討論單一 thumb 的 Slider。

7.2.1 選取範圍屬性

由於 Slider 是為了方便我們在數值範圍內做選擇，當然首先必須要先定義他的範圍，在 MUI 及 Antd 在定義範圍時，都用 min、max 這兩個 props 來實現，輸入的值皆為 number。

7.2.2 step 屬性

定義完 min、max 的範圍之後，到底我們選取數值的顆粒度有多細呢？若 min、max 為 1 ~ 10，step 為 1 的話，表示 1 ~ 10 只有 10 種可能，最小單位為 1；在這邊建議 step 必須要大於 0，而且建議可被 min、max 整除。意思是，若 step 為 2，那我們 min、max 就不適合 1 ~ 10，因為 1 無法被 2 整除。

7.2.3 數值屬性

在數值輸入元件當中，最重要的 props 莫過於 value 以及 defaultValue 了，延續前一篇 Text Field 提到的，這邊也會分成 Controlled component 以及 Uncontrolled component，因此在使用 value 以及 defaultValue 時，同樣需要特別留意。

7.2.4 外觀屬性

外觀屬性我這邊挑一個簡單但常用的來做，因為有些網站需要配合主題來改變顏色，因此 themeColor 屬性算是還蠻常會被使用的屬性。

7.3 介面設計

屬性	說明	類型	預設值
min	最小值	number	0
max	最大值	number	
step	步長，取值必須大於 0，並且可被 (max - min) 整除	number	
value	當前數值	number	
defaultValue	預設數值	number	
onChange	數值改變的 callback function	function(event: object) => void	
themeColor	顏色	primary、secondary、色票	

▌7.4 元件實作

這邊分享兩種 Slider 元件的做法給大家

7.4.1 方法一：純手刻

我準備的 DOM 的結構如下：

```
1.  <CustomSliderContainer
2.    ref={railRef}
3.    $thumbPosX={thumbPosX}
4.  >
5.    <div ref={thumbRef} className="custom-slider__thumb" />
6.  </CustomSliderContainer>
```

其中需要包含 Slider 三元素 rail、track、thumb，我的結構只有兩層，父層是 rail 以及 track，子層是 thumb。其中 track 會需要知道 thumb 的位置，並以 before 這個 Pseudo-elements 來畫出：

```
1.   const CustomSliderContainer = styled.div`
2.     width: 320px;
3.     height: 6px;
4.     background: #ddd; /* rail */
5.     border-radius: 5px;
6.     position: relative;
7.
8.     .custom-slider__thumb {
9.       width: ${SIZE_THUMB}px;
10.      height: ${SIZE_THUMB}px;
11.      border-radius: 100%;
12.      background: ${(props) => props.theme.color.primary};
13.      position: absolute;
14.      top: 50%;
```

```
15.     left: ${(props) => props.$thumbPosX}px;
16.     transform: translateY(-50%) translateX(-50%);
17.     cursor: pointer;
18.   }
19.
20.   &:before {
21.     /* track */
22.     content: '';
23.     position: absolute;
24.     height: 6px;
25.     border-radius: 5px;
26.     width: ${(props) => props.$thumbPosX}px;
27.     background: ${(props) => props.theme.color.primary};
28.   }
29. `;
```

再來就是最重要的拖拉效果，我使用的方式是透過 RxJS 來實作拖拉功能，
RxJS 是一套藉由 Observable sequences 來組合非同步行為和事件基礎程
序的 Library。

拖拉的關鍵步驟及程式碼如下：

1. 首先畫面上有一個元件 (thumbDOM)。
2. 當滑鼠在元件 (thumbDOM) 上按下左鍵 (mousedown) 時，開始監聽滑鼠
   移動 (mousemove) 的位置。
3. 接著將滑鼠移動事件裡面的位置資訊 (moveEvent.clientX) 提取出來，並
   且每當改變的時候存進去 state，藉此我們能夠改變元件的樣式。
4. 當滑鼠左鍵放掉 (mouseup) 時，結束監聽滑鼠移動。

```
1.  const thumbDOM = thumbRef.current;
2.  const { body } = document;
3.  const mouseDown = fromEvent(thumbDOM, 'mousedown');
```

```
4.  const mouseUp = fromEvent(body, 'mouseup');
5.  const mouseMove = fromEvent(body, 'mousemove');
6.  mouseDown
7.    .pipe(
8.      concatMap(() => mouseMove.pipe(takeUntil(mouseUp))),
9.      map((moveEvent) => moveEvent.clientX),
10.   )
11.   .subscribe((mousePosX) => {
12.     handleUpdatePosition({ mousePosX });
13.   });
```

到這邊其實重點功能就都已經完成了，手刻雖然很爽很屌，但是會需要自己處理許多細節，可能有些被習以為常，覺得是很自然會有的功能，但是你沒有實作的話，他就是沒有，用起來就是會怪怪的。例如 Slider 除了可以拖拉以外，還會有人希望他點擊 rail 的任何一個地方，thumb 就可以跳到那裡。

為了做到這個功能，我們就必須要在 rail 上面監聽點擊事件，關鍵步驟跟拖拉很像，只是這邊是直接把點擊事件的位置資訊取出來，這樣就完成了：

```
1.  const railDOM = railRef.current;
2.  const mouseDown = fromEvent(railDOM, 'mousedown');
3.  mouseDown
4.    .pipe(
5.      map((mouseEvent) => mouseEvent.clientX),
6.    )
7.    .subscribe((mousePosX) => {
8.      handleUpdatePosition({ mousePosX });
9.    });
```

以上兩個部分，包含拖拉以及點擊，最終我們取得的點擊位置 mousePosX 需要再把它轉換成 Slider bar 上面 track 的長度，做法是我們需要拿到 rail

的位置，把他跟 mousePosX 做相減，我們就能夠拿到以 rail 位置為中心，
距離點擊位置 (mousePosX) 的長度了：

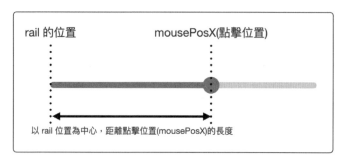

▲ 圖 7-2 以 rail 位置為中心，距離點擊位置 (mousePosX) 的長度

除了上述提到的點擊之後 thumb 要跳到點擊位置的功能之外，其實手刻還
蠻多細節要處理的，下面是我想到的一些例子：

- thumb 被拖曳的時候，不能超出 rail 長度的範圍，所以要處理最大值以
  及最小值
- 要自己處理 min、max、step 等 slider 會用到的參數，需要做一些數學
  計算
- 當外部傳入 defaultValue 時，這個 value 會是 min ~ max 中的值 (理想
  上是這樣)，需要把他轉換處理成 thumb 的位置以及 track 的長度
- 手機上面點擊的時候可能用 click 事件會行不通，需要用 touch 事件來
  處理同樣的邏輯

當我們真的很懶得處理這些麻煩事的時候，或許我們可以採用方法二。

7.4.2 方法二：覆寫原生 input range 的樣式

由於 range 是 input 的一種類型，我們無法用傳統的 CSS 編輯方法來修改
樣式，所以需要使用到 `-webkit-appearance` 這個特殊屬性，這是 webkit

特有的屬性，代表使用系統預設的外觀，只要將這個屬性設為 none，那麼原本 range 的樣式就不會呈現，我們就能加入自己希望的 CSS 屬性來改變 rail 的樣式：

```
1.  <StyledSlider
2.    {...props}
3.  />
```

```
1.  const railStyle = css`
2.    background: #ddd; /* rail color */
3.    width: 320px;
4.    height: 6px;
5.    border-radius: 5px;
6.  `;
7.
8.  const StyledSlider = styled.input`
9.    &[type='range'] {
10.     -webkit-appearance: none;
11.     ${railStyle}
12.   }
13. `;
```

接下來我們要處理 thumb 的樣式，這時候我們要使用另外一個 webkit 的偽元素 ::-webkit-slider-thumb 來修改：

```
1.  const StyledSlider = styled.input`
2.    &[type='range'] {
3.      -webkit-appearance: none;
4.      ${railStyle}
5.    }
a.
6.    &[type='range']::-webkit-slider-thumb {
7.      /* thumb style */
8.      -webkit-appearance: none;
```

```
9.      width: ${SIZE_THUMB}px;
10.     height: ${SIZE_THUMB}px;
11.     border-radius: 100%;
12.     border: 2px solid white;
13.     background: white;
14.     cursor: pointer;
15.   }
16. `;
```

到目前為止，我們就能夠做到以下這樣的樣式：

▲ 圖 7-3 覆寫 thumb 的樣式

只要稍微調整一下樣式，我們就充分能夠做到像 `Google Color Pikcer` 這樣的 Slider：

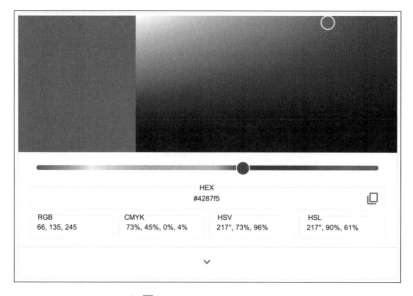

▲ 圖 7-4 Google Color Pikcer

接下來我們要處理 track 的樣式，track 樣式我提供的方法是使用 input 的
為元素 before 來實踐：

```
1.  const trackStyle = css`
2.    background: ${(props) => props.$color};
3.    border-radius: 5px;
4.    height: 6px;
5.  `;
6.
7.  const StyledSlider = styled.input`
8.    &[type='range'] {
9.      -webkit-appearance: none;
10.     ${railStyle}
11.
12.     &:before {
13.       content: '';
14.       position: absolute;
15.       z-index: -1;
16.       width: ${(props) => props.$widthRatio}%;
17.       left: 0px;
18.       ${trackStyle}
19.     }
20.   }
21.   //...略
22. `;
```

主要的概念是，track 的長度是 rail 起始位置到 thumb 的距離，所以我們只
要計算出這個距離並把他換算成 width 屬性的百分比就可以了。

```
1.  <StyledSlider
2.    ref={sliderRef}
3.    type="range"
4.    $widthRatio={(currentValue / max) * 100}
5.    {...props}
6.  />
```

 50

▲ 圖 7-5 Slider 成果展示

7.5 原始碼及成果展示

https://github.com/TimingJL/13th-ithelp_
custom-react-ui-components/blob/main/src/
components/Slider/customSlider.jsx

▲ 圖 7-6 Slider 原始碼
（純手刻版本）

https://github.com/TimingJL/13th-ithelp_
custom-react-ui-components/blob/main/src/
components/Slider/inputRange.jsx

▲ 圖 7-7 Slider 原始碼
（覆寫 input range 版本）

https://timingjl.github.io/13th-ithelp_custom-
react-ui-components/?path=/docs/ 數據輸入元
件 -slider--default

▲ 圖 7-8 Slider 成果展示

數據輸入元件 - Rate

8.1 元件介紹

Rate 是一個評分元件。一方面可以對於評價的數據展示，另一方面可以讓人進行對評分的操作。

▲ 圖 8-1 Rate 評分元件

8.2 參考設計 & 屬性分析

因為 MUI 目前的版本還沒有 Rate 元件，因此我們這邊先只參考 Antd 的元件。

8.2.1 count

雖然我們平常常見的評分都是五顆星星，但這邊給了這個 count 的參數讓我們不被限制於只能五顆星星，我覺得還蠻不錯的，這邊的預設也是五顆星。

8.2.2 allowHalf

這個參數允許我們選擇半顆星星，而且他很酷的是，他允許我們只 hover 一半的星星，到底是怎麼做到的呢？這邊來看一下他的 html 結構：

▲ 圖 8-2 半顆星星的結構

另外，我們這邊發現 ant-rate-star-first 這個 div 節點有一個關鍵的 css 屬性，就是 width: 50%;，如下所示：

```
1.  .ant-rate-star-first {
2.    position: absolute;
3.    top: 0;
4.    left: 0;
5.    width: 50%;
6.    height: 100%;
7.    overflow: hidden;
8.    opacity: 0;
9.  }
```

透過上述的結構，我們可以大概猜出實作 hover 一半星星的邏輯，首先我們要準備 active 星星全顆，還有 inactive 星星全顆。

接著，在初始狀態，我們先把 `width: 50%;` 的 active 星星完全重疊在 inactive 星星上面 (就是圖中的 star-first div)，這邊是透過 `position: absolute;` 屬性來實作重疊的效果，並且讓 active 星星先隱藏，這邊隱藏的方式是把 opacity 變成 0。

當我們 hover 在左半邊的 star-first div 上面時，就讓 active 的星星顯現 (`opacity: 1;`)，並且保持 `width: 50%;`，這樣看起來就是半顆星 active 的效果；當我們 hover 在右半邊的 star-second div 上面時，我們就改變被疊在下面的星星的顏色，從灰色變成黃色，也就是從 inactive 變成 active，這樣看起來就會變成一顆全星的效果。

8.2.3　disabled

設定了 disabled 為 true 時，Rate 就不能夠讓使用者操作，變成已讀的狀態，也就是純展示的功能。

8.2.4　character

character 屬性也是讓我蠻驚艷的屬性之一，就是他做到可以替換 Rate 字符，言外之意就是你不一定要被他限制住是星星圖案，你也可以是愛心，甚至也可以是文字，我覺得這個非常的酷，因為上面我們解析他的半顆 hover 功能是透過改變 color 來實現，感覺傳入的屬性也是需要能夠支援 color 可以被改變，因此這邊文件寫說限定的型別就是 ReactNode，從範例中也可以看出，他支援 icon 以及文字的傳入。

8.3 介面設計

屬性	說明	類型	預設值
count	star 總數	number	5
allowHalf	是否允許半顆星星	boolean	false
isDisabled	是否能進行交互	boolean	false
defaultValue	預設分數	number	
themeColor	主題顏色	number	
size	star 大小	number	32
character	自定義字符	ReactNode、String	

8.4 元件實作

簡化來看的話，我們 Rate 整體邏輯架構概念如下，由一個 <RateWrapper /> 的根節點包覆住整個元件，並且也由這個跟節點決定內部元件佈局排版，以 Rate 為例，應該是 row 方向的佈局，因此我們可以用 flex 來實現。

我們決定 star character 總數的 props 是 count，因此由下面程式碼範例，傳入的 count 為多少，就能夠產生長度為多少的陣列：

```
1.  <RateWrapper>
2.    {
3.      [...Array(count).keys()].map((itemKey) => (
4.        <Character key={itemKey} />
5.      ))
6.    }
7.  </RateWrapper>
```

▲ 圖 8-3 透過 props count 決定 star 總數

接著我們來實現 Character，我們預設的 Character 是星星 `<StarIcon />`，由先前元件分析可知，要做到能夠允許選取半顆星星，需要兩個元件 `<CharacterFirst />` 和 `<CharacterSecond />` 一起來搭配才能實現：

```
1.  <RateWrapper>
2.    {
3.      [...Array(count).keys()].map((itemKey) => (
4.        <CharacterWrapper key={itemKey}>
5.          <CharacterFirst>{character}</CharacterFirst>
6.          <CharacterSecond>{character}</CharacterSecond>
7.        </CharacterWrapper>
8.      ))
9.    }
10. </RateWrapper>
```

佈局上，為了實現半星選取，`<CharacterFirst />` 必須要設為 `position: absolute;`，如此 `<CharacterFirst />` 和 `<CharacterSecond />` 才能夠重疊，並且 `<CharacterFirst />` 的 width 需要設為 50% 來表示半星。

當我們不需要半星選取的時候，只需要隱藏 `<CharacterFirst />` 就能夠做到了。

```
1.  const CharacterFirst = styled.div`
2.    position: absolute;
3.    color: ${(props) => (props.$isActive ? props.$starColor :
                          '#F0F0F0')};
4.    width: 50%;
5.    overflow: hidden;
6.    cursor: pointer;
7.  `;
```

佈局完成之後，接著我們要做的是 hover 的時候能夠預覽選取樣式，因此
hover 到哪裡就要 active 到哪裡，當滑鼠移開的時候，則回覆到原本選取狀
態：

▲ 圖 8-4 滑鼠 hover 的時候能夠預覽選取樣式

因此我們需要一個 state 用來記錄預覽狀態，另一個 state 則是用來記錄實
際上的選取狀態：

```
1.  const [innerValue, setInnerValue] = useState(defaultValue);
2.  const [previewValue, setPreviewValue] = useState(innerValue);
```

當滑鼠 hover 上去的時候，我們呼叫 onMouseOver 事件，若 hover
在 <CharacterFirst /> 表示半星，所以要 +0.5；若 hover 在
<CharacterSecond /> 表示全顆星，所以要 +1。

```
1.  <CharacterWrapper key={itemKey}>
2.    <CharacterFirst
```

```
3.      className="rate__character-first"
4.      $starColor={starColor}
5.      $isActive={itemKey + 0.5 <= previewValue}
6.      onMouseOver={() => handleChangePreviewValue(itemKey + 0.5)}
7.      onMouseLeave={() => handleChangePreviewValue(innerValue)}
8.      onClick={() => handleOnClick(itemKey + 0.5)}
9.    >
10.     {character}
11.   </CharacterFirst>
12.   <CharacterSecond
13.     className="rate__character-second"
14.     $starColor={starColor}
15.     $isActive={itemKey + 1 <= previewValue}
16.     onMouseOver={() => handleChangePreviewValue(itemKey + 1)}
17.     onMouseLeave={() => handleChangePreviewValue(innerValue)}
18.     onClick={() => handleOnClick(itemKey + 1)}
19.   >
20.     {character}
21.   </CharacterSecond>
22. </CharacterWrapper>
```

當滑鼠移開的時候，則透過 onMouseLeave 事件來改變 previewValue，設定回原本該有的值：

```
1.  const handleChangePreviewValue = (currentValue) => {
2.    if (!isDisabled) {
3.      setPreviewValue(currentValue);
4.    }
5.  };
```

onClick 事件則是確定選取的時候呼叫，因此要改變 innerValue，那如果 onClick 的時候我們發現選取值與原本的值一樣，則表示他想要取消選擇，此時我們將 innerValue 設為 0：

```
1.  const handleOnClick = (clickedValue) => {
2.    if (isDisabled) return;
3.    setInnerValue((previousValue) => (previousValue ===
                 clickedValue ? 0 : clickedValue));
4.  };
```

那到目前為止，關於 Rate 主要的關鍵功能就都完成了！透過以上的方法，我們藉由 props 來改變 character 也不會是難事了。

▲ 圖 8-5 客製化樣式的 Rate 元件 (Custom Character)

▌8.5 原始碼及成果展示

https://github.com/TimingJL/13th-ithelp_custom-react-ui-components/blob/main/src/components/Rate/index.jsx

▲ 圖 8-6 Rate 原始碼

https://timingjl.github.io/13th-ithelp_custom-react-ui-components/?path=/docs/ 數據輸入元件 -rate--default

▲ 圖 8-7 Rate 成果展示

數據輸入元件 - Upload

9.1 元件介紹

Upload 是一個上傳元件。幫助我們能夠發佈文字、圖片、影片、檔案到後端伺服器上。

9.2 參考設計 & 屬性分析

9.2.1 客製化上傳元件樣式

原生的 html 元件 `<input type="file">` 就能夠幫助我們選擇本地的檔案以準備上傳到伺服器：

▲ 圖 9-1 原生 input file 上傳功能

雖然功能上是已經有了，但我們仍可以看到有一些上傳檔案的元件有經過美化，例如 Antd 的元件：

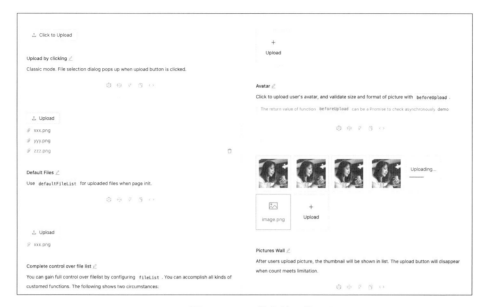

▲ 圖 9-2 Antd 的上傳元件

那到底我們應該怎麼做才能夠客製化上傳檔案元件的樣式呢？其實如果我們只要去檢視其 html 代碼，就能夠略知一二：

▲ 圖 9-3 Antd 上傳元件的 html 結構

從 這 邊 的 程 式 我 們 不 難 發 現 ， 這 個 元 件 當 中 其 實 也 有 <input type="file">，但 比 較 特 別 的 是，這 個 input 元 件 的 style 居 然 被 設 為

display: none; ，意思就是在畫面上他被隱藏了，並且 input 元件下面居
然有一個 button 元件，而他就是我們畫面上看到的上傳按鈕樣式：

▲ 圖 9-4 Antd 上傳元件中的 button 元件

從上面這些觀察，我們可以發現，要做出不同樣式的上傳元件，其實並不
是直接去覆寫 input 元件，而是表面上做出另外的 button 元件，透過 ref 來
操作看不見的 input 元件的 DOM，藉此觸發 input 的點擊事件來開啟選取
視窗。

9.2.2 限制檔案類型

如果今天我們想要讓人只選擇圖片類型，不想讓人選擇到其他檔案類型，
那應該怎麼做呢？其實原生的 input 就提供我們 accept 屬性，讓我們透過
他來限制上傳檔案的類型。

```
1.  <input type="file" accept="image/*" />
```

甚至我們也可以直接限制上傳檔案的副檔名，如果有多種副檔名，可以用
逗號隔開：

```
1.  <input type="file" accept="text/html,.txt,.csv" />
```

9.2.3 選取多個檔案

input file 元件當中，如果沒有特別設定，預設是只能選取一個檔案，因此，如果透過 onChange 事件來把 event.target.files 印出來在螢幕看看，可以看見下面內容：

```
1.  const handleOnChange = (event) => {
2.      console.log('files: ', event.target.files);
3.  };
4.
5.  <input type="file" onChange={handleOnChange} accept="image/*" />
```

```
files:  ▼FileList {0: File, length: 1} ℹ
        ▼0: File
           lastModified: 1628826224986
         ▶lastModifiedDate: Fri Aug 13 2021 11:43:44 GMT+0800 (台北標準時間) {}
           name: "董事長清潔隊logo.jpg"
           size: 57086
           type: "image/jpeg"
           webkitRelativePath: ""
         ▶[[Prototype]]: File
           length: 1
        ▶[[Prototype]]: FileList
```

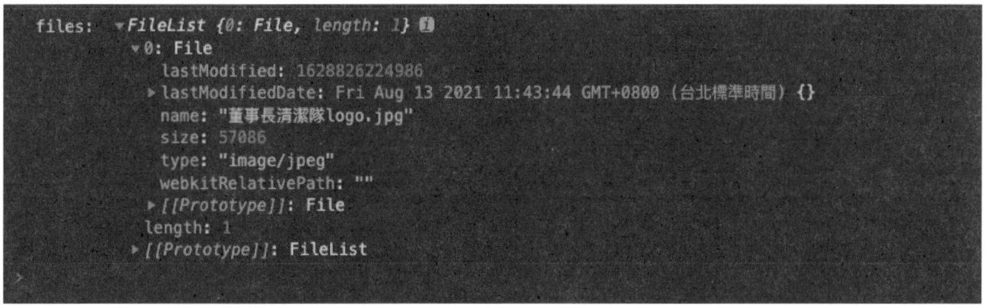

▲ 圖 9-5 把 event.target.files 印出來的內容 (選取單一檔案)

如果我們需要選擇多個檔案，input file 元件提供我們一個名為 multiple 的 boolean 值，當他為 true 時，則可支援我們上傳多個檔案，範例示意如下：

```
1.  const handleOnChange = (event) => {
2.      console.log('files: ', event.target.files);
3.  };
4.
5.  <input type="file" onChange={handleOnChange} accept="image/*"
            multiple />
```

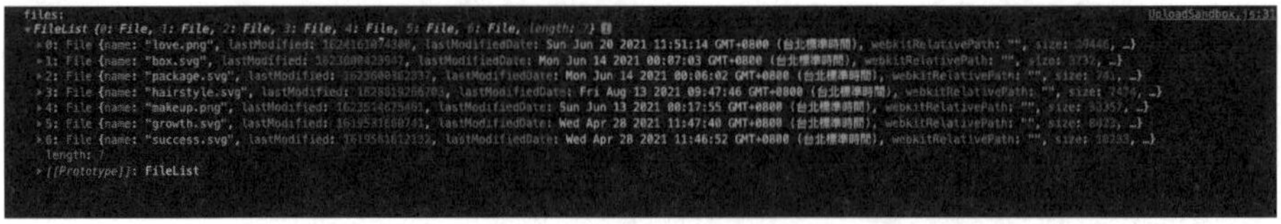

▲ 圖 9-6 把 event.target.files 印出來的內容 (選取多個檔案)

9.2.4 顯示選取的檔案

有一些網站設計會希望我們在上傳檔案之前，可以先預覽要上傳的檔案，例如說檔案的檔名，檔案的大小，若上傳的檔案為圖片檔，甚至我們會想要先預覽圖片。

透過 onChange 事件我們拿到 event 物件，在 `event.target.files` 當中我們可以很容易地取得檔名、檔案大小、檔案類型。

但若是要在上傳之前預覽圖片呢？一般我們知道 HTML `<img>` tag 若要顯示圖片，需要在 src 屬性當中傳入圖片的網址，範例如下：

```
1.  <img src="https://via.placeholder.com/300/09f/fff.png" alt="" />
```

但由於我們的圖片還沒上傳到 server，我們哪裡來的圖片網址呢？因此，在 HTML `<img>` tag 中若要顯示圖片，有另外一條路，就是需要將我們準備上傳的圖片檔案轉換成 `base64 string` 的編碼，然後把它塞進 src 當中，用這樣的方式，我們同樣也可以在畫面上顯示圖片，範例示意如下：

```
1.  <img src="data:image/jpeg;base64,/9j/4AAQSkZJRg......" alt="">
```

為了將圖片轉換成 base64 string，我們在 MDN Web Docs 可以看到範例的做法：

```
1.  function previewFile() {
2.    const preview = document.querySelector('img');
```

```
3.    const file = document.querySelector('input[type=file]').
                 files[0];
4.    const reader = new FileReader();
5.
6.    reader.addEventListener("load", function () {
7.      // convert image file to base64 string
8.      preview.src = reader.result;
9.    }, false);
10.
11.   if (file) {
12.     reader.readAsDataURL(file);
13.   }
14. }
```

FileReader 是 HTML5 的新 Javascript 物件，可以用來讀取 input type=
"file" 的 file 資料，並且在上述範例中，我們監聽 load 事件，他會在讀取操
作成功完成時調用。

我們讀取檔案的方式是調用 `readAsDataURL` 函式，這個方法會讀取我們指
定的 file 物件，並且在讀取完成之後，透過 `reader.result` 屬性我們就會
得到一個 data URL 格式的 base64 string 了。拿到這個 base64 string 之
後，再透過 setState 方法將其存到 React 元件的 state 當中，之後就可以
透過 React 來操作，把他塞進 image src 來顯示圖片了，下面是示意範例：

```
1.  import React, { useState } from 'react';
2.
3.  const UploadPreview = () => {
4.    const [imageSrc, setImageSrc] = useState('');
5.
6.    const handleOnPreview = (event) => {
7.      const file = event.target.files[0];
8.      const reader = new FileReader();
```

```
9.      reader.addEventListener("load", function () {
10.       // convert image file to base64 string
11.       setImageSrc(reader.result)
12.     }, false);
13.
14.     if (file) {
15.       reader.readAsDataURL(file);
16.     }
17.   };
18.
19.   return (
20.     <>
21.       <input type="file" onChange={handleOnPreview} accept=
              "image/*" />
22.       <img src={imageSrc} alt="" />
23.     </>
24.   );
25. };
26.
27. export default UploadPreview;
```

9.2.5 清空選取的檔案

除了上傳前預覽之外，另一個常會需要的操作，就是清空 / 重設選取的檔案，這邊提供三個方法來達到同樣的目的：

1. 將 input 的 value 這個屬性設為 empty 或是 null.

在前面講到 Uncontrolled component 的文章中我們有提過，在 React 當中透過 useRef 這個 Hook 可以讓我們直接操作 input 的 DOM，我們可以取得 input element 當前的 value，反之我們也可以清空他。

```
1.  const handleRemoveFile = () => {
2.    inputRef.current.value = '';
3.  };
```

2. 創建另外一個新的 input element 並將欲清空的元件取代掉

在 React 中，key 這個屬性幫助 React 分辨哪些元件被改變，因此當我
們希望清空 input 時更新 input element 的 key，等於是強迫更新了 input
element，也能夠做到清空 input value 的效果，範例如下示意：

```
1.  import React, { useState } from 'react';
2.
3.
4.  const ResetInputSample = () => {
5.    const [inputElemKey, setInputElemKey] = useState(Math.
        random());
6.
7.    const handleClearByUpdateKey = () => {
8.      setInputElemKey(Math.random());
9.    };
10.
11.   return (
12.     <>
13.       <input key={inputElemKey} type="file" accept="image/*" />
14.       <button onClick={handleClearByUpdateKey}>Reset</button>
15.     </>
16.   );
17. };
18.
19. export default ResetInputSample;
```

3. 透過 form.reset() 這個方法來重置該表單內的所有資料

我們可以直接用 useRef 來操作 form，透過 js 的函式 form.reset() 來重設表單，另一種方式也可以透過 form 裡面的 <input type="reset" /> 元件來重設表單，下面為示意範例：

```jsx
1.   import React, { useRef, useState } from 'react';
2.
3.   const ResetFormSample = () => {
4.     const formRef = useRef();
5.     const [imageSrc, setImageSrc] = useState('');
6.
7.     const handleOnPreview = (event) => {...};
8.
9.     const handleOnResetForm = () => {
10.      formRef.current.reset();
11.    };
12.
13.    return (
14.      <>
15.        <form ref={formRef} action="...">
16.          <input type="file" onChange={handleOnPreview} accept=
                "image/*" />
17.          <button onClick={handleOnResetForm}>Reset</button>
18.        </form>
19.        <img src={imageSrc} alt="" />
20.      </>
21.    );
22.  };
23.
24.  export default ResetFormSample;
```

9.3 介面設計

屬性	說明	類型	預設值
resetKey	重設鍵值，鍵值被改變時 input value 會被重設	number	
accept	限制檔案類型	string，ex: image/*	
multiple	是否選取多個檔案	boolean	false
onChange	選取上傳檔案時的 callback	function	(files) => {}
children	內容，這邊指的是上傳按鈕外觀	ReactNode	

9.4 元件實作

目前我是希望能夠用下面這樣的方式來使用 Upload 元件：

```
1.  <Upload onChange={handleOnChange}>
2.    <CustomUploadButton />
3.  </Upload>
```

我們希望上傳按鈕的樣式透過 children 傳入，藉此能夠隨意改變上傳按鈕，但仍能擁有同樣的上傳邏輯，避免每次只要樣式有點調整，就要整個把上傳功能重寫一次。

在下面的程式碼當中，我們希望點擊 children 的時候，能夠觸發被 display: none; 設為隱藏的 `<input type="file" />`：

```
1.  <>
2.    <input
3.      key={resetKey}
4.      ref={inputFileRef}
5.      type="file"
```

```
6.      style={{ display: 'none' }}
7.      onChange={handleOnChange}
8.      {...props}
9.    />
10.   {
11.     React.cloneElement(children, {
12.       onClick: handleOnClickUpload,
13.     })
14.   }
15. </>
```

所以我們透過 React.cloneElement 給 children 一個 onClick 事件，這個 onClick 事件會藉由 useRef 來觸發 `<input type="file" />` 的點擊：

```
1.  const inputFileRef = useRef();
2.
3.  const handleOnClickUpload = () => {
4.    inputFileRef.current.click();
5.  };
```

在 input 被點擊之後，會跳出一個如下的選取視窗，於是我們就能夠開始選擇我們要上傳的檔案：

▲ 圖 9-7 跳出視窗，選擇要上傳的檔案

在選擇了我們要上傳的檔案之後，input 的 onChange 事件就會被觸發 (這邊的觸發如上述程式碼，我們用 handleOnChange 來接)，因此我們就能夠呼叫外部透過 props 傳入的 onChange callback 來取得被選取的檔案了：

```
1.  const handleOnChange = (event) => {
2.    if (typeof onChange === 'function') {
3.      onChange(event?.target?.files);
4.    }
5.  };
```

到目前為止，我希望做到的 Upload 小元件就已經完成了！

當然，實務上的 Upload 可能沒有這麼單純，或許我們會蠻需要一些附加功能，但因為即使是同一個網站，光是上傳圖片也會有許多不同的情境，因此我希望把這些附加功能再另外包一層來做，下面舉一些上傳的情境。

9.4.1 預覽檔案詳情及重設欲上傳的內容

我們要來實作選取欲上傳的檔案之後能夠預覽檔案詳請，當反悔時，能夠透過重設按鈕清除欲上傳的內容：

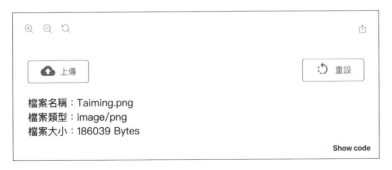

▲ 圖 9-8 預覽檔案詳情

首先如過想要預覽檔案詳情，在先前元件分析時就已經有提過，我們可以透過 onChange 觸發時拿到的 `event.target.files` 來把詳情取出來，files 的結構如下：

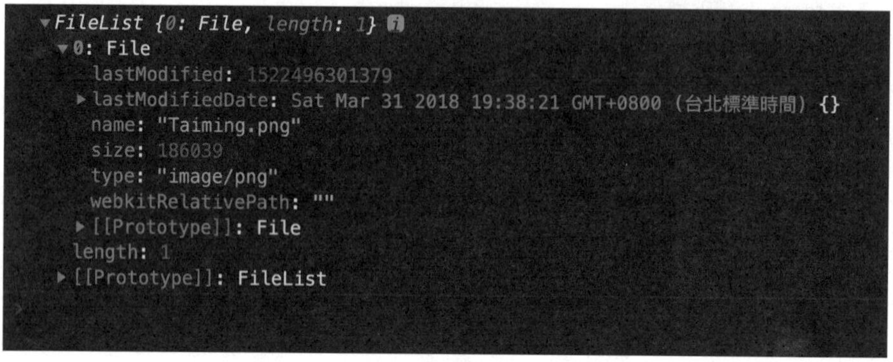

▲ 圖 9-9　印出 event.target.files 的資料內容

再來，我們要清空被選取的檔案時，上面元件分析時也提過三個方法。因為這邊我們想要透過一個不被 Upload 元件包覆住的按鈕來清空 input 的內容，所以我們選則上述清空方法的方法二，藉由 React 框架的特性，我們強制改變 input 的 key 來強迫更新 input element，藉此達成清空 input 選取內容的效果。

因此，我們需要在 Upload 元件中給他一個 props `resetKey`，並藉由 重設按鈕 來改變這個 resetKey：

```
1.  <input
2.    key={resetKey}
3.    type=" file"
4.    {...props}
5.  />
```

9.4.2 上傳圖片前能夠先預覽

預覽的功能我們在上面元件分析也已經詳細講解，透過 FileReader 將圖片讀取出來成 base64 string，並放入 img src 即可：

```
1.  <Upload
2.    {...args}
3.    resetKey={resetKey}
4.    onChange={handleOnPreview}
5.  >
6.    <Button
7.      variant="outlined"
8.      startIcon={<CloudUploadIcon />}
9.    >
10.     上傳圖片
11.   </Button>
12. </Upload>
13. <img src={imageSrc} alt="" style={{ marginTop: 20 }} />
```

```
1.  const handleOnPreview = (files) => {
2.    const file = files[0];
3.    const reader = new FileReader();
4.    reader.addEventListener('load', () => {
5.      // convert image file to base64 string
6.      setImageSrc(reader.result);
7.    }, false);
8.
9.    if (file) {
10.     reader.readAsDataURL(file);
11.   }
12. };
```

▲ 圖 9-10 上傳圖片前能夠先預覽

9.4.3 選取多個檔案

要選取多個檔案，我們一樣用 input file 的原生屬性 `multiple`，將其設為
true 之後就能夠在選擇視窗當中一次選取多個檔案：

```
index.js:12
▼FileList {0: File, 1: File, 2: File, 3: File, length: 4} 🛈
 ▶0: File {name: 'snake.jpeg', lastModified: 1658159118445, lastModifiedDate: Mon Jul 18 20
 ▶1: File {name: 'frog.jpeg', lastModified: 1657957065687, lastModifiedDate: Sat Jul 16 202
 ▶2: File {name: 'bird.jpeg', lastModified: 1658159075689, lastModifiedDate: Mon Jul 18 20:
 ▶3: File {name: 'eagle.jpeg', lastModified: 1657957089940, lastModifiedDate: Sat Jul 16 20
   length: 4
 ▶[[Prototype]]: FileList
```

▲ 圖 9-11 印出選取多個檔案的資料內容

由於在選擇多個檔案之後，files 就能夠一次拿到多個檔案的詳情資料，所
以我們就能夠按照自己喜歡的樣式來預覽以及管理，如下是一個簡單的示
意範例：

▲ 圖 9-12 選取多個檔案的資料內容並預覽

9.4.4 照片牆

當然透過我們的 Upload 元件也能夠做到如下的照片牆功能，首先我們可以看到，藉由改變 children 我們能夠把上傳按鈕很容易的客製成虛線方框的可點擊區域。

再來我們一樣用老套的方式，藉由 onChange 事件取得選取的圖片檔案，並把這些檔案存進去 React 的 state 當中，這樣我們就能夠透過 React 來管理這些上傳後的圖片了：

▲ 圖 9-13 照片牆

9.5 原始碼及成果展示

https://github.com/TimingJL/13th-ithelp_custom-react-ui-components/blob/main/src/components/Upload/index.jsx

▲ 圖 9-14 Upload 原始碼

https://github.com/TimingJL/13th-ithelp_custom-react-ui-components/blob/main/src/stories/Upload.stories.jsx

▲ 圖 9-15 Upload stories 原始碼

https://timingjl.github.io/13th-ithelp_custom-react-ui-components/?path=/docs/ 數據輸入元件 -upload--default

▲ 圖 9-16 Upload 成果展示

10

數據展示元件 - Chip / Tag

10.1 元件介紹

Chip 元件用於標記事物的屬性、標籤或用於分類、篩選。

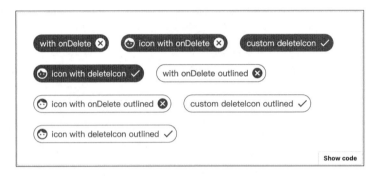

▲ 圖 10-1 Chip 元件展示

在 MUI 當中，這樣的元件叫做 `Chip`，而在 Antd 中，這樣的元件叫做 `Tag`，但其實是指一樣的元件。

實戰經驗分享

我自己以前會喜歡把這樣的元件叫做 Tag，因為最符合直覺，像我們常見的 Hashtag 大概也是長這樣。但是開發經驗累積一段時間之後，會發現怎麼到處都有東西叫做 Tag？真的很容易撞名，而且這樣的元件他也不一定會用在 Tag 上面，可能有些資料叫做 categories 或是 filters，但他也需要用同樣的元件來展示，所以如果叫做 Tag 我自己是覺得容易撞名，有時候也容易混淆，跟別人溝通的時候可能也會不小心產生誤會，特別是你的專案裡面同時有資料叫做 tags 和 categories 要在同個地方展示，而且你同時又有一個元件叫做 <Tag />，在跟別人溝通的時候真的非常怕他會聽錯或是自己講錯，因此我覺得 MUI 把它叫做 Chip 真的是很不錯，我自己也蠻喜歡這個名字，因此這邊文章統一起見，我先暫時叫這個元件為 Chip。

█ 10.2 參考設計 & 屬性分析 ▓▓▓▓▓▓

Chip 元件也是在 MUI 及 Antd 還蠻一致的元件,可以變化的樣式和功能都很相似。

10.2.1 變化模式 (variant)

variant 跟 button 很相似,有 default 跟 outlined 兩種選項,default 是整個元件填滿的樣式。

10.2.2 主題顏色 (themeColor)

顏色的部分 MUI 只提供我們使用 default、primary、secondary,而 Antd 的 color 支援填入色票之外,也支援一些保留字,例如 success、proccessing、error、warning、default。

10.2.3 圖示 (icon)

icon 可以讓我們在 Chip 開頭的地方放上一些圖像,例如頭像或是其他 icon 方便識別。

10.2.4 結尾圖示

在結尾的地方放上的圖像,MUI 叫做 deleteIcon,Antd 叫做 closeIcon,功能上看起來是大同小異。並且這個 icon 是支援點擊事件的,透過 onDelete/onClose 可以 handle 對 icon 的點擊動作。

🕍 情境討論

我覺得 MUI 及 Antd 這邊有個小細節還不錯，就是 Antd 的 closeIcon 對應的事件是 onClose，而 MUI deleteIcon 對應到的事件是 onDelete，不會説 close 和 delete 混著用，如果沒有注意到的話，我們平常專案內的元件很有可能就會設計出命名不一致的元件。

10.2.5 標籤內容

在 MUI 裡面叫做 label，是一個可傳入 ReactNode 的 props；Antd 則是讓內容可以透過 children element 傳進去。

```
1.  // MUI
2.  <Chip
3.    {...otherprops}
4.    label="標籤內容"
5.  />
6.
7.  // Antd
8.  <Tag
9.    {...otherprops}
10. >
11.   標籤內容
12. </Tag>
```

之前我們有遇到類似的狀況是在 button 的地方，由於 button 是 html 原生的元件，有大家既定認知的使用方式，所以我會比較希望是用 children element 的方式來實作；但 Chip 這邊好像兩種方式都有人喜歡，畢竟 MUI Chip 也可以讓我們在 label 傳入 element。

10.2.6 狀態屬性

由於 Chip 是可點擊的元件，有 onDelete/onClose 事件，因此若有需要它不可被點擊的狀態，這邊也提供 disabled 的 boolean 屬性讓我們使用。

10.3 介面設計

屬性	說明	類型	預設值
variant	變化模式	contained、outlined	contained
themeColor	主題顏色	primary、secondary、色票	primary
isDisabled	禁用狀態	boolean	false
label	標籤內容	ReactNode、String	
icon	圖示	ReactNode	
deleteIcon	刪除圖示	ReactNode	
onDelete	刪除事件	function	

10.4 元件實作

10.4.1 元件結構

一個 Chip 的 children 有可能會出現 icon、label、deleteIcon，如下圖：

▲ 圖 10-2 Chip 的 children 內容

因此我們在規劃 html 結構的時候也以這樣為主，其實跟我們在設計 Button 的時候蠻像的，其中 ChipWrapper 來決定其 children 的佈局，而 icon & deleteIcon 會再根據各別的條件來決定是否顯示：

```
1.  <ChipWrapper>
2.    <Icon />
3.    <Label />
4.    <DeleteIcon />
5.  </ChipWrapper>
```

10.4.2 變化模式 (variant)

我們會根據 variant 來決定他是 contained 或是 outlined 的樣式，跟先前的 Button 一樣，我們用一個 variantMap 的 object 來取得對應的樣式，若沒有對應到，則預設為 contained：

```
1.  const containedStyle = css`
2.    background: ${(props) => props.$color};
3.    color: #FFF;
4.  `;
5.
6.  const outlinedStyle = css`
7.    background: #FFF;
8.    color: ${(props) => props.$color};
9.  `;
10.
11. const variantMap = {
12.   contained: containedStyle,
13.   outlined: outlinedStyle,
14. };
```

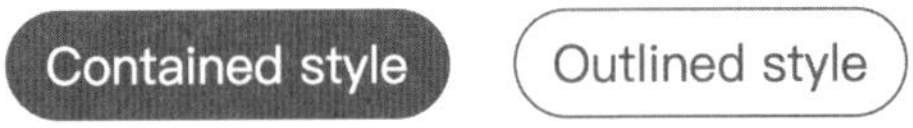

Contained style　　Outlined style

▲ 圖 10-3　Chip 的變化模式

10.4.3　主題顏色 (themeColor)

顏色的部分我們一樣有 primary、secondray 以及隨意傳入的色票號碼，這邊的作法跟 Button 是一樣的，附上連結，就不再詳細說明。

https://github.com/TimingJL/13th-ithelp_
custom-react-ui-components/blob/main/src/
hooks/useColor.jsx

▲ 圖 10-4　主題顏色實作

我們已經有一個 makeColor({ themeColor }) 的 function，把 themeColor 傳入，就能夠將 primary、secondary 轉換成對應的色票號碼：

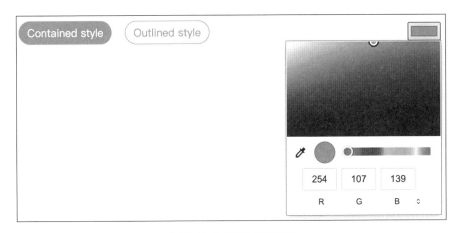

▲ 圖 10-5　變換主題顏色

10.4.4 圖示 / 刪除圖示

Label 左側的 icon 是隨著有沒有傳入 icon 這個 props 來決定是否顯示，其中我們透過 `React.cloneElement` 加上一個 className 為 `chip__start-icon` 來調整他的樣式：

```
1.  <StyledChip
2.    className={className}
3.    $variant={variant}
4.    $color={color}
5.  >
6.    {icon && React.cloneElement(icon, {
7.      className: clsx(icon.props.className, 'chip__start-icon'),
8.    })}
9.    <Label>{label}</Label>
10. </StyledChip>
```

▲ 圖 10-6 有圖示的 Chip 元件

Label 右側的 icon 多數為用來觸發 onDelete function，因命名上也使用 `deleteIcon` 這個名稱。

deleteIcon 這個 props 是當我們想要客製化 endIcon 時能夠使用，否則，若只有給定 onDelete function 而沒有給定 deleteIcon 時，則顯示預設的 deleteIcon：

```
1.  const endIcon = deleteIcon || <CancelIcon />;
2.
```

```
3.  <StyledChip
4.    className={className}
5.    $variant={variant}
6.    $color={color}
7.  >
8.    {icon && React.cloneElement(icon, {
9.      className: clsx(icon.props.className, 'chip__start-icon'),
10.   })}
11.   <Label>{label}</Label>
12.   {(deleteIcon || onDelete) && React.cloneElement(endIcon, {
13.     className: clsx(endIcon.props.className, 'chip__end-icon'),
14.     onClick: onDelete,
15.   })}
16. </StyledChip>
```

到目前為止，我們就已經完成一個相當接近 MUI 的 Chip 了，實作邏輯上
其實並沒有特別複雜，跟前面提到幾個 **數據輸入元件** 做法都蠻類似的，但
主要是樣式上會隨著不同專案的需要有些調整，若把客製化樣式的部分做
得好用，我覺得就會是很不錯的元件。

10.5 原始碼及成果展示

https://github.com/TimingJL/13th-ithelp_
custom-react-ui-components/blob/main/src/
components/Chip/index.jsx

▲ 圖 10-7 Chip 原始碼

https://timingjl.github.io/13th-ithelp_custom-react-ui-components/?path=/docs/ 數據展示元件 -chip--default

▲ 圖 10-8　Chip 成果展示

數據展示元件 - Badge

11.1 元件介紹

Badge 可以讓我們在其 children element 的右上角 (預設位置) 顯示一個小徽章，通常用來表示需要處理的訊息數量，透過醒目的視覺形式來吸引用戶處理。

▲ 圖 11-1 Badge 元件

11.2 參考設計 & 屬性分析

11.2.1 Badge 位置 (Placement)

一般的 Badge 位置都是預設出現在右上角，但可能有些情境會需要調整位置，MUI 這邊提供了 anchorOrigin 的 props，這個 anchorOrigin 比較特別，是一個物件，裡面有兩個欄位，分別是 vertical 和 horizontal，顧名思義，就是提供我們可以決定要放在右上、右下、左上、左下這四個位置。

```
1.  <Badge
2.    anchorOrigin={{
3.      vertical: 'bottom', // top, bottom
4.      horizontal: 'right', // right, left
5.    }}
6.  >
7.    {children}
8.  </Badge>
```

當然 MUI 除了這四個位置可以透過 props 調整之外，也能夠藉由 overrides documentation 提供我們的方法，透過 class 去覆寫 css 屬性 (ex: top、right) 來微調偏移，所以可以客製化的幅度還蠻彈性的。

Antd 提供的 props 叫做 offset，傳入值為一陣列，格式 `[left, top]`，用來表示其水平及垂直的偏移量。

```
1.  <Badge count={5} offset={[10, 10]}>
2.    {children}
3.  </Badge>
```

11.2.2 展示的內容

比較常見的展示內容一般來說都是數字，所以 Antd 的 props 叫做 count，一般我們看到 count 的直覺會覺得應該要填入的是數字，但很特別的是，count 支援的類型為 ReactNode，因此，如下範例，他也可以是一個 icon。

```
1.  // Antd Badge
2.  <Badge count={0} showZero>
3.    {children}
4.  </Badge>
5.
6.  <Badge count={<ClockCircleOutlined style={{ color: '#f5222d'
      }} />}>
7.    {children}
8.  </Badge>
```

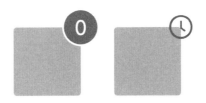

▲ 圖 11-2 Badge 元件不同的徽章樣式

MUI 所提供的 props 為 badgeContent，其型別為 node，因此也支援我們傳入數字以外的資料。

11.2.3 最大展示值

Badge 內的數值一般都會有最大值的限制，以免出現太長的數值而破壞畫面。在 Antd 以及 MUI 都有同樣的參數能夠讓我們控制，不同的傳入參數名稱如下：

```
Antd: overflowCount
MUI: max
```

11.2.4 變化模式 (variant)

有時候我們希望 Badge 只是提醒我們有東西更新就好，不需要呈現數字，因此除了常見的 default 樣式之外，也提供了 dot 樣式。

在 MUI 上一樣是提供我們 variant 這個 props，可以填入的值是 dot、standard，預設是 standard。

Antd 上則是提供我們一個布林值 dot，若為 true，則只呈現一個小紅點，沒有內容；若為 false，則為我們常見的 Badge 含數字內容的樣式。

▲ 圖 11-2 只呈現一個小紅點的 Badge

11.2.5 顏色

這個元件一樣在 MUI 及 Antd 都提供我們顏色的客製化彈性，因為雖然大家印象中 Badge 都是紅色的，但是難免在其他情境我們需要別的顏色。MUI 的 color 可傳入一樣為預設的保留字 default、error、primary、secondary，而 Antd 除了預設的保留字之外，也支援色票的傳入。

11.2.6 是否呈現 0

當 Badge 的數字為 0 時，是否要展示 Badge 呢？ MUI 及 Antd 都提供給我們這樣的選擇，很有共識的，兩邊的 props 命名很一致，都是 showZero 的 boolean。

11.3 介面設計

屬性	說明	類型	預設值
placement	徽章位置	top-left、top-right、bottom-left、bottom-right	top-right
badgeContent	展示內容	ReactNode	
max	最大顯示值	number	99
variant	變化模式	standard、dot	standard
themeColor	顏色	**primary、secondary、色票**	#FE6B8B
showZero	是否呈現 0	boolean	false
children	內容	ReactNode	

11.4 元件實作

11.4.1 元件結構

最基本的 Badge 使用方式如下：

```
1.  <Badge badgeContent={7}>
2.    <MailIcon />
3.  </Badge>
```

▲ 圖 11-1 Badge 元件基本樣式

因此根據上述的使用介面，把 Badge 的結構設計如下：

```
1.  <BadgeWrapper>
2.    {children}
3.    <StandardBadge
4.      className={className}
5.      $color={color}
6.      $placement={placement}
7.    >
8.      {badgeContent}
9.    </StandardBadge>
10. </BadgeWrapper>
```

由於 Badge 會跟 children 有重疊的區塊，因此 Badge 勢必要設為 position: absolute; ，並把 <BadgeWrapper /> 設為 position: relative; 如此 Badge 才能相對於他做定位。

11.4.2 Badge 位置 (Placement)

在 Badge 當中我們需要一個 props 來決定 Badge 的位置是在 右上、左上、右下、左下：

▲ 圖 11-5 在不同位置的徽章

我想要用跟 FormControl 一樣的手法，透過 Object 的 key-value 對應，來取得相對應的樣式：

```
1.  const placementStyleMap = {
2.    'top-left': topLeftStyle,
3.    'top-right': topRightStyle,
4.    'bottom-left': bottomLeftStyle,
5.    'bottom-right': bottomRightStyle,
6.  };
```

因為前面我們已經將 Badge 設為 absolute 了，因此在定位方面，我們就能夠使用 top、left、right、transform 來調配出 右上、左上、右下、左下 各種位置：

```
1.  const topLeftStyle = css`
2.    top: 0px;
3.    left: 0px;
4.    transform: translate(-50%, -50%);
5.  `;
6.
```

```
7.  const topRightStyle = css`
8.    top: 0px;
9.    right: 0px;
10.   transform: translate(50%, -50%);
11. `;
12.
13. const bottomLeftStyle = css`
14.   bottom: 0px;
15.   left: 0px;
16.   transform: translate(-50%, 50%);
17. `;
18.
19. const bottomRightStyle = css`
20.   bottom: 0px;
21.   right: 0px;
22.   transform: translate(50%, 50%);
23. `;
```

11.4.3 變化模式 (variant)

Badge 有兩種變化模式，一個是 `standard`，另一個是 `dot`。

其中 dot 的樣式就比較單純，因為不需要考慮到內容的變化，他就只有一個點而已。

▲ 圖 11-6 點狀變化模式的 Badge

```
1.  const DotBadge = styled.div`
2.      position: absolute;
3.      width: 6px;
4.      height: 6px;
5.      border-radius: 100%;
6.      background-color: ${(props) => props.$color};
7.      ${(props) => placementStyleMap[props.$placement] ||
            topRightStyle}
8.  `;
```

```
1.  const StandardBadge = styled.div`
2.      display: flex;
3.      flex-flow: row wrap;
4.      place-content: center;
5.      align-items: center;
6.      position: absolute;
7.      box-sizing: border-box;
8.      font-family: Roboto, Helvetica, Arial, sans-serif;
9.      font-weight: 500;
10.     font-size: 12px;
11.     min-width: 20px;
12.     padding: 0px 6px;
13.     height: 20px;
14.     border-radius: 10px;
15.     z-index: 1;
16.     transition: transform 225ms cubic-bezier(0.4, 0, 0.2, 1) 0ms;
17.     background-color: ${(props) => props.$color};
18.     color: #FFF;
19.     ${(props) => placementStyleMap[props.$placement] ||
                    topRightStyle}
20. `;
```

```
1.  <BadgeWrapper>
2.    {children}
3.    {variant === 'dot' && (
4.      <DotBadge
5.        className={className}
6.        $color={color}
7.        $placement={placement}
8.      />
9.    )}
10.   {variant === 'standard' && content && (
11.     <StandardBadge
12.       className={className}
13.       $color={color}
14.       $placement={placement}
15.     >
16.       {content}
17.     </StandardBadge>
18.   )}
19. </BadgeWrapper>
```

在 standard 當中，特別需要留意的是會使用到 box-sizing: border-box; 這個屬性，border-box 主要是讓我們能將寬高設定作用在邊框外緣的範圍內，所以當我們在設定 width 以及 height 的時候，指的是 border-box 範圍內的寬跟高。

▲ 圖 11-7　加上 box-sizing: border-box; 的效果

11.4.4 最大值 (Max)

Badge 內容當然不能讓人家隨便輸入，甚至也需要限制他的最大數字，否則就會像下圖這樣悲劇：

▲ 圖 11-8 沒有設置最大值的下場

因此至少要有一個簡單的判斷，來限制我們最大值的輸入：

```
1.  const content = badgeContent > max ? `${max}+` : badgeContent;
```

▲ 圖 11-9 最大值設置為 87，因此超過的數字會被限制

11.4.5 是否呈現 0

最後一個小問題就是，到底 0 要不要呈現？可能有些情境要，有些情境不用，因此我們需要一個 boolean 來做到這件事，所以跟上述 max 的邏輯合併，我們來做一個 function 來產生 Badge 的內容：

```
1.  const makeBadgeContent = ({ showZero, max, badgeContent }) => {
2.    if (showZero && badgeContent === 0) {
3.      return '0';
4.    }
```

```
5.    if (!showZero && badgeContent === 0) {
6.      return null;
7.    }
8.    return badgeContent > max ? `${max}+` : badgeContent;
9.  };
```

▲ 圖 11-10　是否呈現 0

▊ 11.5　原始碼及成果展示 ▊

https://github.com/TimingJL/13th-ithelp_
custom-react-ui-components/blob/main/src/
components/Badge/index.jsx

▲ 圖 11-11　Badge 原始碼

https://timingjl.github.io/13th-ithelp_custom-
react-ui-components/?path=/docs/ 數據展示元
件 -badge--default

▲ 圖 11-12　Badge 成果展示

12

數據展示元件 - Tooltip

12.1 元件介紹

Tooltip 是一個文字彈出提醒元件，當 active 狀態時，會顯示對該子元件描述的文字。

▲ 圖 12-1 Tooltip 元件

12.2 參考設計 & 屬性分析

12.2.1 位置

相對於被包覆的子元件，Tooltip 可設定其出現的位置共有 12 種，分別為子元件的：

- 上左、上、上右
- 左上、左、左下
- 右上、右、右下

MUI 以及 Antd 的 props 同樣都是 placement。

12.2.2 顏色

MUI 透過 withStyles 可以客製化 Tooltip 的背景顏色、文字顏色、字體大小、邊框樣式 ... 等等屬性，在外觀上面是蠻有彈性的。

```
1.  const LightTooltip = withStyles((theme) => ({
2.    tooltip: {
```

```
3.      backgroundColor: theme.palette.common.white,
4.      color: 'rgba(0, 0, 0, 0.87)',
5.      boxShadow: theme.shadows[1],
6.      fontSize: 11,
7.    },
8.  }))(Tooltip);
```

Antd 則直接提供一個 color 的 props 屬性來改變其背景顏色。跟 Antd 其他的元件一樣，除了可以直接傳入色票之外，也有其提供預設的保留字來改變顏色。

```
1.  <Tooltip color="#108ee9">
2.    {children}
3.  </Tooltip>
```

12.2.3 手動控制是否顯示

預設的 Tooltip 是 hover 上去會彈出提醒文字，但其實也提供能透過參數傳入來控制彈出時機的 props，在 MUI 是使用 open 這個 props；在 Antd 則是使用 visible 這個 props，都是用 boolean 來控制。

12.2.4 箭頭錨點 (arrow)

在 Antd 的 Tooltip 中，會自帶一個箭頭錨點，指向其 children，而 MUI 的箭頭錨點並不是預設就會出現，而是需要將 arrow 這個 props 設為 true 才會出現。

那到底要怎麼實現 Tooltip 這種的箭頭錨點呢？我們打開檢視 Html 原始碼來看一下 MUI 及 Antd 的實作方式，兩者的實作方式其實差不多，都是將一個矩形旋轉 45 度，讓他只露出一個角角在外面，這樣就能夠看起來像是一個箭頭錨點了！

▲ 圖 12-2　MUI 的箭頭錨點

▲ 圖 12-3　Antd 的箭頭錨點

12.2.5　程式結構

明明在 React 程式裡面，Tooltip 的元件跟其 children 元件就是寫在旁邊而已，所以原本想像 Tooltip 實作的程式結構會是長這樣：

```
1.  <body>
2.    <div id="root">
3.      <TooltipWrapper>
4.        {children}
5.        <TooltipBody />
6.      </TooltipWrapper>
7.    </div>
8.  </body>
```

但沒想到實際上發現 MUI 及 Antd 卻把它做成像類似下面這樣：

```
1.  <body>
2.    <div id="root">
3.      {children}
4.    </div>
5.    <TooltipWrapper>
6.      <TooltipBody />
7.    </TooltipWrapper>
8.  </body>
```

這樣的手法在 React 裡面叫做 Portal，官網上是這麼描述的：

> ⚒ **技術大補帖**
>
> Portal 提供一個優秀方法來讓 children 可以 render 到 parent component
> DOM 樹以外的 DOM 節點。

到底為什麼要把簡單的事情搞得這麼複雜呢？而且居然 MUI 及 Antd 都一起做了一樣的事，但我們仔細想一想，其實就能夠體會他們的用心良苦。

我們思考看看，在實作 Tooltip 的時候，由於 Tooltip 是一個彈出的提醒元件，我們也不希望這個提醒元件彈出的時候，去擠壓到其他周圍的元件，因此通常會把 Tooltip 的 css position 屬性設為 absolute，意思有點像是説，我們把目標元件跟 Tooltip 放置在不同的圖層，因此既然 Tooltip 跟其他人是在不同的圖層，那他當然不會去擠壓到其他的元件。

但是當 Tooltip 被放置在不同的圖層時，就會延伸出另一個問題，到底哪個圖層在上面，哪個在下面？特別是當整個專案的 DOM 變得非常的龐大和複雜的時候，概念上有可能在一個頁面上會有多個圖層，所以很容易會發生我們希望出現在上面圖層的元件，卻被蓋在下面，因此這時大家通常的做法會是透過 z-index 來調整圖層的上下關係。可是當一個畫面複雜的程度到難以去分辨誰在上面誰在下面的時候，就算把 z-index 調到 9999，也無法讓 Tooltip 所在的圖層往上提升而不被蓋住。因為決定哪個圖層在上面，並不是單純的比較 z-index 誰比較大的這種比大小的關係，而是會需要了解相關的堆疊環境 (Stacking Context)。

因此，為了避免這些常常困擾大家的問題，乾脆就把 Tooltip 元件 Portal 到外面去，藉此來簡化堆疊環境。

12.3 介面設計

屬性	說明	類型	預設值
placement	徽章位置	top、left、right、bottom、topLeft、topRight、bottomLeft、bottomRight、leftTop、leftBottom、rightTop、rightBottom	top
themeColor	顏色	primary、secondary、色票	primary
content	提示文字	element、string	
children	內容	element、string	
showArrow	是否顯示箭頭錨點	boolean	false

12.4 元件實作

12.4.1 Portal 元件

為了讓 Tooltip 可以 render 到 parent component DOM，我們先來準備一個 Portal 元件，我希望未來用如下的方式就能夠做到 Portal：

```
1.   <Portal customRootId="tooltip-root">
2.     {/*...想要被 render 到外面的元件...*/}
3.   </Portal>
```

我希望可以傳入一個 custom root id 來當作 Portal 根節點的 id，這樣我可以用 id 來決定我們要把元件 Portal 到外面的哪一個根節點下面，若不給定 `customRootId`，則會給他一個 default 的 id。

```
1.   <body>
2.     <div id="root">...</div>
3.     <div id="tooltip-root">
4.       {...}
5.     </div>
6.   </body>
```

這個元件最核心的東西也是 ReactDOM.createPortal(child, container) 而已，只是我們把它做一些小加工。

🔨 **技術大補帖**

簡單説明一下 ReactDOM.createPortal(child, container)：

- 第一個參數（child）是任何可 render 的 React child，例如 element、string 或者 fragment。

- 第二個參數（container）則是一個 DOM element。

按照上面所述，我改造過的 Portal 小元件如下，主要的邏輯是我會先找找看我想要 render 的 Portal container 存不存在，若不存在就創一個，若存在就存取既有的，避免有兩個根節點有同樣的 id：

```
1.  const Portal = ({ children, customRootId }) => {
2.    let portalRoot;
3.    const rootId = customRootId || 'portal-root';
4.
5.    if (document.getElementById(rootId)) {
6.      portalRoot = document.getElementById(rootId);
7.    } else {
8.      const divDOM = document.createElement('div');
9.      divDOM.id = rootId;
10.     document.body.appendChild(divDOM);
11.     portalRoot = divDOM;
12.   }
13.
14.   return ReactDOM.createPortal(
15.     children,
16.     portalRoot,
17.   );
18. };
```

12.4.2 Placement 出現位置

搭配使用 Portal 元件，我們來看一下 Tooltip 的結構長相：

```
1.  <>
2.    <span>{children}</span>
3.    <Portal>
4.      <TooltipWrapper>
5.        {content}
6.      </TooltipWrapper>
```

```
7.    </Portal>
8.    </>
```

因為 Tooltip 已經被 Portal 到 parent component 去了，所以如果要讓
Tooltip 出現在我們希望的子元件旁邊，就沒有辦法用平常的方法來定位。

我使用的定位方式是透過 useRef 來取得 children 相對於整個視窗的位置，
然後再讓 Tooltip 能夠根據這個位置做一些 Placement 的變化。

由於我希望在視窗改變的時候，若位置有改變也會跟著調整，因此這邊使
用了監聽的函式，在視窗 resize 的時候更新 children 的位置。

```
1.   const handleOnResize = () => {
2.     setChildrenSize({
3.       width: childrenRef.current.offsetWidth,
4.       height: childrenRef.current.offsetHeight,
5.     });
6.     setPosition({
7.       top: childrenRef.current.getBoundingClientRect().top,
8.       left: childrenRef.current.getBoundingClientRect().left,
9.     });
10. };
11.
12. useEffect(() => {
13.   handleOnResize();
14.   window.addEventListener('resize', handleOnResize);
15.   return () => {
16.     window.removeEventListener('resize', handleOnResize);
17.   };
18. }, []);
```

拿到 children position 以及 children size 之後，我們就能夠做一些位置上的
變化啦！先展示一下辛苦的成果：

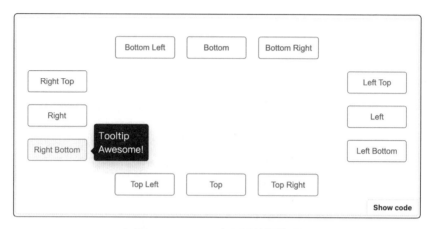

▲ 圖 12-4 Tooltip 在不同位置的展示

為了做到像上面這樣位置上的變化，會需要一些數學的計算。

首先要知道我們取得的 children position 是 children 元件左上角的那個點，是元素「相對於視窗」的座標：

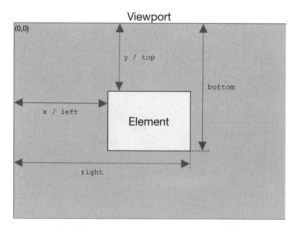

▲ 圖 12-5 畫面座標概念及 DOMRect 回傳值的參數意義

因為我們總共有 12 種 Placement，因此我舉幾個計算的例子，其他依此類推：

Top Left

Y 軸方向，因為我們在操作 Tooltip 的位置也是以左上角的點為座標原點，所以 Tooltip 的位置公式如下：

```
(Tooltip 高度) + (Tooltip 與 children 的間距)
```

其中 Tooltip 高度就用 transform: translateY(-100%) 來計算即可，間距就跟設計師討論要多少，這邊我先自己隨便抓個感覺。

X 軸方向，因為是 chidren 跟 Tooltip 對齊，所以就不用動。

▲ 圖 12-6 Top Left 位置的 Tooltip

Top

Top 的部分，因為 X 軸的部分跟前面第一題是一樣的，就不重複說明，所以直接說明 X 軸的算法。

X 軸方向是從座標原點往右「半個」children 寬度，然後再往左「半個」Tooltip 寬度，一樣 Tooltip 的寬度都是用 translateX 來處理，這樣就能夠讓 Tooltip 與 children 在 X 軸方向置中對齊了：

```
(children 寬度 / 2) - (Tooltip 寬度 / 2)
```

▲ 圖 12-7 Top 位置的 Tooltip

其他 Placement 就可以根據上述例子依此類推，就夠順利完成 12 種 Placement 了。

12.4.3 Show Arrow 是否顯示箭頭樣式

Show Arrow 實作的秘密我們已經在文章前面分析過了，主要的原理是透過一個矩型旋轉，讓他露出一個角角就可以了。

我們實作的結構如下：

```
1.  <>
2.    <span>{children}</span>
3.    <Portal>
4.      <TooltipWrapper>
5.        {content}
6.        {showArrow && (
7.          <div className="tooltip__arrow">
8.            <div className="tooltip__arrow-content" />
9.          </div>
10.        )}
11.      </TooltipWrapper>
12.    </Portal>
13.  </>
```

箭頭元件的設計我是給他一個父層包覆子層的結構，外面父層 tooltip__arrow 我會把它設為 `position: absolute;`，主要是用來作定位的用途，因此跟上面 Placement 一樣，會根據不同的方位來做定位。

子層 `tooltip__arrow-content` 是決定箭頭的形狀，我的例子是用 8 x 8 的方形，然後將他旋轉 45 度；當然我們的箭頭顏色需要跟 Tooltip body 的背景顏色是一樣的，才不會露出馬腳。

```
1.  .tooltip__arrow-content {
2.    width: 8px;
```

```
3.      height: 8px;
4.      transform: rotate(45deg);
5.      background: ${(props) => props.$color};
6.    }
```

這邊我把箭頭換個明顯的顏色，給大家看一下露出馬腳的樣子，其實自己在實作的時候，會故意把它變成明顯的顏色，因為這樣在微調位置的時候比較方便 debug，微調位置跟前面是一樣的套路，就是根據長寬來算數學，定位方式是在父層 tooltip__arrow 設定 top、right、left、bottom、translate(XPos, YPos)，調到你覺得適合的位置就可以了，詳細的部分我寫在 code 裡面分享給大家。

▲ 圖 12-8 把箭頭換個明顯的顏色

其實我這個作法是比較偷懶的做法，因為我沒有刻意處理箭頭跟 Tooltip 重疊的地方，因為我覺得 Tooltip 會有一個 Padding 的寬度，所以我就沒有特別處理。

但是我們觀察 Antd 的 Arrow 還蠻高招的，但比我目前的方法麻煩一些，我故意把它關鍵的 element 換個顏色給大家方便觀察：

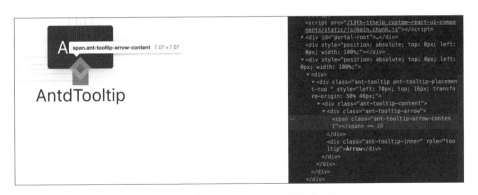

▲ 圖 12-9 觀察 Antd Tooltip 箭頭的結構

我用有顏色的框框來標示他看不見的元件 `ant-tooltip-arrow`，依上圖來看這是他結構的父層，而 `ant-tooltip-arrow-content` 是箭頭的本體，如下圖示意，當 `ant-tooltip-arrow-content` 旋轉之後，超出紅色框框 `ant-tooltip-arrow` 的地方就用 `overflow: hidden;` 來隱藏，這樣的話就能夠畫出一個三角形角角，而把他跟 Tooltip 結合之後，就不會有我上面那種重疊的問題了。

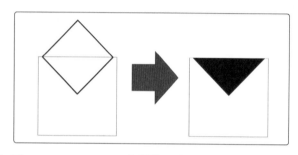

▲ 圖 12-10 Antd Tooltip 處理箭頭跟 Tooltip 方框重疊的方法

12.4.4 顯示與消失

我這個 Tooltip 只有做到 mouseover 和 mouseleave 會顯示跟隱藏，沒有做其他事件的觸發，例如 click 事件等等，若有需要，可以再自行追加。

我的做法也很簡單，就是直接給他這兩個滑鼠事件，mouseover 的時候就把 state 設為顯示，mouseleave 的時候就把 state 設為隱藏，就是這麼直白：

```
1.  const [isVisible, setIsVisible] = useState(false);
2.
3.  <span
4.    ref={childrenRef}
5.    onMouseOver={() => setIsVisible(true)}
6.    onMouseLeave={() => setIsVisible(false)}
7.  >
```

```
8.    {children}
9.  </span>
```

顯示和隱藏的部分，我就給他一個小動畫：

```
1.  const TooltipWrapper = styled.div`
2.    {/* ...省略其他 css */}
3.    animation: ${(props) => (props.$isVisible ? fadeIn :
          fadeOut)} .3s ease-in-out forwards;
4.  `;
```

動畫的部分我也先簡單處理，用 styled-components 提供的 keyframes 來做，就是改變他的 opacity，讓他有點淡入淡出的效果就好，如果有需要很炫炮的動畫，可以再自行追加：

```
1.  const fadeIn = keyframes`
2.    from {
3.      opacity: 0;
4.    }
5.    to {
6.      opacity: 1;
7.    }
8.  `;
9.
10. const fadeOut = keyframes`
11.   from {
12.     opacity: 1;
13.   }
14.
15.   to {
16.     opacity: 0;
17.   }
18. `;
```

以上就是我們簡易的手刻 Tooltip 了啦！其實東西有點多，但這些關鍵步驟
我們往後還會有需多元件會用到一樣的手法，所以之後還可以再透過別的
元件多熟悉。

12.5 原始碼及成果展示

https://github.com/TimingJL/13th-ithelp_
custom-react-ui-components/blob/main/src/
components/Tooltip/index.jsx

▲ 圖 12-11 Tooltip 原始碼

https://github.com/TimingJL/13th-ithelp_
custom-react-ui-components/blob/main/src/
components/Portal/index.jsx

▲ 圖 12-12 Portal 原始碼

https://timingjl.github.io/13th-ithelp_custom-
react-ui-components/?path=/docs/ 數據展示元
件 -tooltip--default

▲ 圖 12-13 Tooltip 成果展示

13

數據展示元件 -
Accordion/Collapse
摺疊面板

▌13.1 元件介紹

Accordion 是一個可折疊 / 展開內容區域的元件。主要是針對顯示內容複雜或很多的頁面進行分區塊的顯示及隱藏。

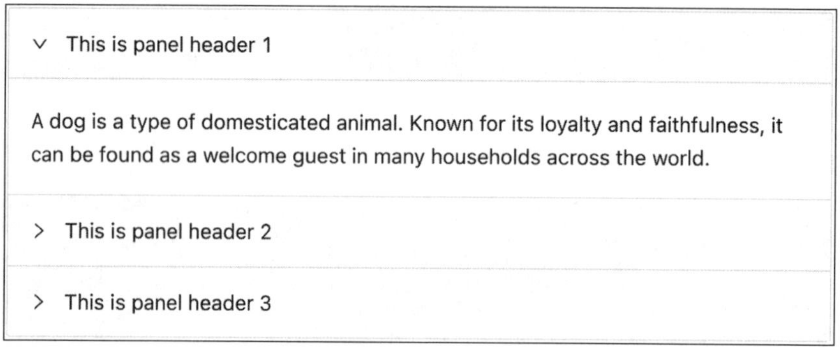

▲ 圖 13-1 Accordion 元件

▌13.2 參考設計 & 屬性分析

13.2.1 元件命名

可折疊的面版看起來名稱目前是還有一些討論空間。在 MUI 中，原本的元件是叫做 ExpansionPanel，但之後官網宣稱元件要改成 Accordion 這個更通用的命名。

The ExpansionPanel component was renamed to Accordion to use a more common naming convention.

Antd 上面可折疊面版是叫做 Collpase，但是提供一個 Accordion 模式 (手風琴模式)，由 accordion 這個 boolean props 來決定，手風琴模式就是說，在這個折疊面版 group 當中，一次只顯示一個，所以如果打開另外一個，原本的這一個就會關閉。

w3school 上面也有教你怎麼做折疊面版，但是 Collapse/Accordion 兩個名詞在上面看起來是一樣的東西。

How To - Collpase:

https://www.w3schools.com/howto/howto_js_collapsible.asp

How To - Collapsibles/Accordion:

https://www.w3schools.com/howto/howto_js_accordion.asp

Bootstrap 5.0 上面也是 Collpase 和 Accordion 兩者都有，但是有一些區別，Bootstrap 指的 Collpase 不一定是像手風琴樣式的元件，而是如下圖一個簡單的 Button 點擊事件來觸發區塊收合的都叫做 Collpase：

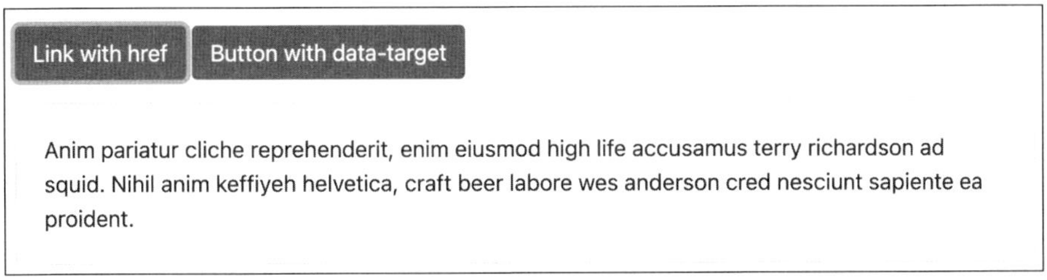

> Link with href   Button with data-target
>
> Anim pariatur cliche reprehenderit, enim eiusmod high life accusamus terry richardson ad squid. Nihil anim keffiyeh helvetica, craft beer labore wes anderson cred nesciunt sapiente ea proident.

▲ 圖 13-2 Bootstrap 用 Button 來觸發區塊的收合

而 Accordion 就是如同上述其他 Library 一樣的那種手風琴的折疊樣式，打開一個，其他的會自動關閉：

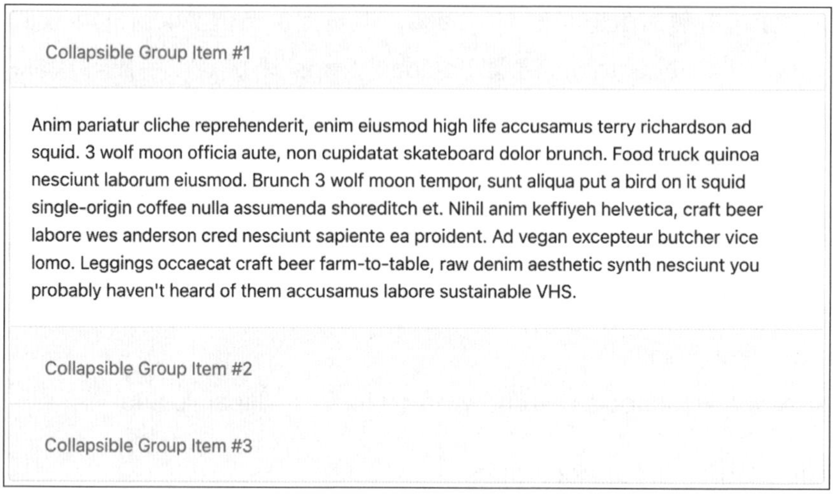

Collapsible Group Item #1

Anim pariatur cliche reprehenderit, enim eiusmod high life accusamus terry richardson ad squid. 3 wolf moon officia aute, non cupidatat skateboard dolor brunch. Food truck quinoa nesciunt laborum eiusmod. Brunch 3 wolf moon tempor, sunt aliqua put a bird on it squid single-origin coffee nulla assumenda shoreditch et. Nihil anim keffiyeh helvetica, craft beer labore wes anderson cred nesciunt sapiente ea proident. Ad vegan excepteur butcher vice lomo. Leggings occaecat craft beer farm-to-table, raw denim aesthetic synth nesciunt you probably haven't heard of them accusamus labore sustainable VHS.

Collapsible Group Item #2

Collapsible Group Item #3

▲ 圖 13-3 Bootstrap 的 Accordion 元件

目前為止這樣看下來，Bootstrap 的命名方式是我覺得比較有道理的，如果要用 Accordion 這個名稱，除了「可折疊」這個行為要符合，他的外型也需要是「手風琴的形象」；否則如果是 Collpase 這個名詞，他只有描述到「可折疊」這個部分，並沒有描述到他的外型，所以其實其他形狀的可折疊元件，要叫做 Collpase 也不為過。

13.2.2 區塊是否展開

expanded 這個 boolean props 可以讓我們單獨控制各個區塊是否展開或折疊，MUI 也是透過這個 props 來做到是否需要打開一個區塊就關閉其他區塊，以下列程式碼示意：

```
1.  const [expanded, setExpanded] = React.useState('panel1');
2.
3.  <div>
4.    <Accordion expanded={expanded === 'panel1'} onChange={() =>
          setExpanded('panel1')}>
```

```
5.      {panel1}
6.    </Accordion>
7.    <Accordion expanded={expanded === 'panel2'} onChange={() =>
        setExpanded('panel2')}>
8.      {panel2}
9.    </Accordion>
10.   <Accordion expanded={expanded === 'panel3'} onChange={() =>
        setExpanded('panel3')}>
11.     {panel3}
12.   </Accordion>
13. </div>
```

13.2.3 展開的過場動畫

區塊是否顯現最簡單的初階做法就是用一個 boolean props 讓他「啪、啪」
的直接顯示和折疊：

```
1.  <div>
2.    <AccordionHeader />
3.    {expanded && <AccordionDetails />}
4.  </div>
```

那假設我們需要過場動畫，那應該怎麼做呢？這邊我們可以直接參考
w3school 的原始碼：

❏ **css**

```
1.  <style>
2.    .accordion {
3.      // some styling...
4.      transition: 0.4s;
5.    }
6.
```

```css
7.    .panel {
8.      // some styling...
9.      max-height: 0;
10.     overflow: hidden;
11.     transition: max-height 0.2s ease-out;
12.   }
13. </style>
```

❏ html

```html
1. <button class="accordion">Section 1</button>
2. <div class="panel">
3.   <p>Lorem ipsum dolor sit amet, consectetur adipisicing
        elit, sed do eiusmod tempor incididunt ut labore et
        dolore magna aliqua. Ut enim ad minim veniam, quis
        nostrud exercitation ullamco laboris nisi ut aliquip
        ex ea commodo consequat.</p>
4. </div>
```

❏ javascript

```javascript
1.  <script>
2.    var acc = document.getElementsByClassName("accordion");
3.    var i;
4.
5.
6.    for (i = 0; i < acc.length; i++) {
7.      acc[i].addEventListener("click", function() {
8.        this.classList.toggle("active");
9.        var panel = this.nextElementSibling;
10.       if (panel.style.maxHeight) {
11.         panel.style.maxHeight = null;
12.       } else {
13.         panel.style.maxHeight = panel.scrollHeight + "px";
```

```
14.        }
15.     });
16.   }
17. </script>
```

簡單的説明原理，這邊的關鍵是透過 JavaScript 來決定 panel 的 css max-height，也就是其展開的高度，若是 panel 展開的時候，以上述的例子是希望 panel 不要有 scrollbar，因此把 max-height 設為跟 panel.scrollHeight 一樣的高度；如果 panel 的高度是 0px，則是折疊起來，過場的動畫則是搭配 css transition 來實現。折疊起來的時候，由於可視範圍的高度是 0px，是小於內容的高度，因此會有 overflow 的問題，這邊是把 css overflow 的樣式設為 hidden 就可以了。

13.2.4 Accordion Header / Panel

摺疊面版大致上分為兩個區塊，一個是可點擊的 Header 區塊，一個是 Panel 區塊。Header 區塊其實我們多看幾個範例就可以發現，有時候有的 Header 有箭頭，有的沒有箭頭，有箭頭的 Header 其箭頭的位置也不是很固定，有時候在最左邊，有時候在最右邊，有時候在文字的右邊旁邊。所以 Header 的設計我會希望他是傳入一個 ReactNode 的 props，這樣這個元件就不會去限制住他的樣式。

所以如果簡單來做的話，我想像中的 Accordion 元件大概會是長這樣：

```
1. <Accordion
2.   header={<div>This is panel header</div>}
3.   expanded={expanded}
4.   onChange={handleChange}
5. >
6.   {panel}
7. </Accordion>
```

但是更進階一點，我們也可以學習 Antd 的這種方式

```
1.  <Collapse defaultActiveKey={['1']} onChange={callback}>
2.    <Panel header="This is panel header 1" key="1">
3.      <p>{text}</p>
4.    </Panel>
5.    <Panel header="This is panel header 2" key="2">
6.      <p>{text}</p>
7.    </Panel>
8.    <Panel header="This is panel header 3" key="3">
9.      <p>{text}</p>
10.   </Panel>
11. </Collapse>
```

這樣的好處就是説，我不用逐一的在每個 Panel 上面傳入 expanded 和 onChange，而是把這兩個 props 提升到 parent component，由父層來控制子層的行為，子層的 Panel 只需要加上 key 來讓父層辨識就可以了。

其實要這樣做也是還蠻不錯的，但一開始我們先簡單來做，之後再慢慢調整也是可以的。

13.3 介面設計

屬性	說明	類型	預設值
isExpand	是否展開	boolean	false
onClick	標題的點擊事件	function	
header	標題	ReactNode	
children	可被收合的 panel 內容	ReactNode	
className	客製化樣式	string	

13.4 元件實作

13.4.1 元件結構

以下是我們設計的 Accordion 結構：

```
1.  const Accordion = ({
2.    header, children,
3.    isExpand, onClick, className,
4.  }) => (
5.    <StyledAccordion className={className}>
6.      <Header isExpand={isExpand} onClick={onClick} header=
          {header} />
7.      <Panel isExpand={isExpand} panel={children} />
8.    </StyledAccordion>
9.  );
```

首先直接來講 Panel 收合的核心原理，前面已經仔細說明，是透過 `max-height` 來決定 panel 是否收合，當 `max-height` 是 0 的時候，就是收起來，當 `max-height` 等於內容高度的時候，就是展開。

為了做到這個效果，我們必須要拿到 panel 的高度，如下程式碼，我們是用 `useRef` 來取得：

```
1.  const Panel = ({ panel, isExpand }) => {
2.    const panelRef = useRef(null);
3.    const scrollHeight = panelRef.current?.scrollHeight;
4.
5.    return (
6.      <StyledPanel
7.        ref={panelRef}
8.        className="accordion__panel"
9.        $maxHeight={isExpand ? scrollHeight : 0}
```

```
10.    >
11.      {panel}
12.    </StyledPanel>
13.  );
14. };
```

並且透過 `transition` 來幫我們做到一些動畫效果。記得在收合的時候，
要把超出範圍的內容設為 `overflow: hidden;`：

```
1.  const StyledPanel = styled.div`
2.    max-height: ${(props) => props.$maxHeight}px;
3.    overflow: hidden;
4.    transition: max-height 0.3s cubic-bezier(0.4, 0, 0.2, 1);
5.  `;
```

13.4.2 Header

Header 的部分主要是要呈現外部傳進來的內容、處理點擊事件、以及可以
做一些箭頭變化的效果：

```
1.  const Header = ({ header, isExpand, onClick }) => (
2.    <StyledHeader
3.      className="accordion__header"
4.      onClick={onClick}
5.    >
6.      {header}
7.      <ExpandIcon $isExpand={isExpand} className="accordion__
          header-expand-icon">
8.        <ArrowDownIcon style={{ fill: '#333333' }} />
9.      </ExpandIcon>
10.   </StyledHeader>
11. );
```

特別講一下這個旋轉的箭頭，是根據是否收合的 boolean 值 isExpand 來決定他旋轉的角度，旋轉的方式是用 transform: rotate(180deg);，記得加上 transition 讓他有過場的效果：

```
1.  const ExpandIcon = styled.div`
2.    {/*...省略其他樣式...*/}
3.    transform: rotate(${(props) => (props.$isExpand ? 180 : 0)}
        deg);
4.    transition: transform 0.3s cubic-bezier(0.4, 0, 0.2, 1);
5.  `;
```

到目前為止我們已經完成了一個簡單的 Accordion 元件了，很陽春，沒有樣式，只有收合動畫，因為我希望收合功能跟樣式不要綁死在一起，如果需要樣式，可以用這個元件再去加工：

▲ 圖 13-4 沒有樣式，只有收合動畫的 Accordion 元件

13.4.3 客製化樣式

我在 header 及 panel 都保留了可以客製化樣式的彈性，因此我們可以很容易透過 css class 來調整各別的樣式。

以 header 來說，我透過再包一層 styled-component 來覆寫 header 樣式：

```
1.  const StyledAccordion = styled(Accordion)`
2.    border: none;
3.    .accordion__header {
4.      background: #587cb028;
5.      padding: 16px;
```

```
6.    }
7.  `;
```

可以做到這樣的效果，是因為我們有在 header 的地方留下這個 className：

```
1.  const Header = ({ header, isExpand, onClick }) => (
2.    <StyledHeader
3.      className="accordion__header"
4.      {...props}
5.    >
6.      {header}
7.    </StyledHeader>
8.  );
```

而 Panel 的樣式，因為我們是把他整個當作 children 塞進去，所以就可以直接在外面處理樣式，成果如下：

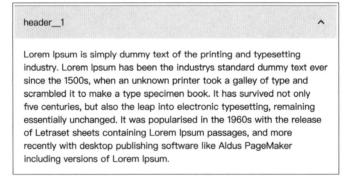

▲ 圖 13-5 客製化樣式

13.4.4 手風琴模式 (Show single accordion)

這邊簡單做一個手風琴模式的範例，也就是一次只展開一個 panel。

主要的原理是點擊的時候我們用 useState 記錄下點擊的是哪一個 panel 的 key，然後如果 key 有對應到的話就展開，沒有對應到的話就收合：

```
1.  const ShowSingleAccordionDemo = (args) => {
2.    const [activeKey, setActiveKey] = useState();
3.
4.    return (
5.      <AccordionGroup>
6.        {
7.          [...Array(4).keys()].map((key) => (
8.            <StyledAccordion
9.              key={key}
10.             {...args}
11.             header={`header__${key + 1}`}
12.             isExpand={activeKey === key}
13.             onClick={() => {
14.               if (activeKey === key) {
15.                 setActiveKey('');
16.               } else {
17.                 setActiveKey(key);
18.               }
19.             }}
20.           >
21.             <Panel>
22.               Lorem Ipsum is ......
23.             </Panel>
24.           </StyledAccordion>
25.         ))
26.       }
27.     </AccordionGroup>
28.   );
29. };
```

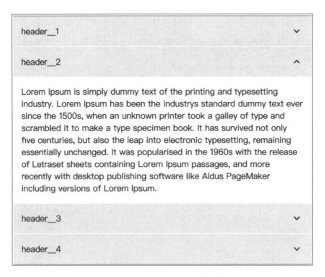

▲ 圖 13-6 手風琴模式

以上就是我們今天的成果啦！

13.5 原始碼及成果展示

https://github.com/TimingJL/13th-ithelp_
custom-react-ui-components/blob/main/src/
components/Accordion/index.jsx

▲ 圖 13-7 Accordion 原始碼

https://timingjl.github.io/13th-ithelp_custom-
react-ui-components/?path=/docs/ 數據展示元
件 -accordion--default

▲ 圖 13-8 Accordion 成果展示

數據展示元件 - Card

14.1 元件介紹

Card 是一個可以顯示單個主題內容及操作的卡片元件，通常這個主題內容包含圖片、標題、描述或是一些操作。

例如在電商網站，一個商品或需要包含商品圖片、商品名稱、商品價格 ... 等等資訊。在新聞網站，每則新聞也會有新聞的圖片、標題、分類標籤、瀏覽次數 ... 等等資訊。或者我們在瀏覽 Youtube 的時候，每則影片也會有影片的封面圖片、影片標題、影片創作者、觀看次數、上架時間 ... 等等資訊。

▲ 圖 14-1 Youtube 上的卡片元件

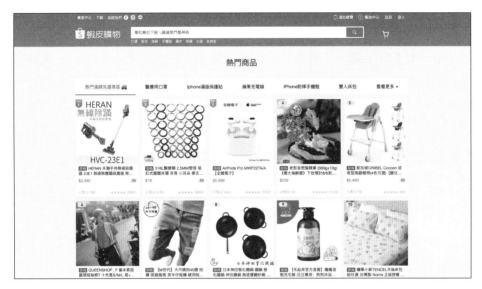

▲ 圖 14-2 蝦皮電商上的卡片元件

14.2 參考設計 & 屬性分析

由於卡片的形式會因著需要呈現不同的主題、內容而有不同的需要，因此
我們在這邊先做一個基礎的卡片，若未來有希望更多樣的排版，可以再基
於這個卡片做延伸。

14.2.1 卡片封面

常見的卡片形式通常會附上一張封面圖片，所以會需要一個 props 來讓我
們傳入卡片的封面。但除了圖片可以當作卡片以外，有時候也有可能是一
個影片，或是一個 carousel，因此在 Antd 的設計並沒有把卡片的封面定死
成一定得要是圖片，cover 這個 props 允許我們傳入一個 ReactNode，這
樣也可以讓封面擁有不同的可能性。

14.2.2 卡片內容

在 Antd 當中為了讓卡片內容的呈現更加靈活，因此提供一個 Meta 元件，讓我們可以處理卡片的 avatar、title 以及 description，並且這三者的型別都為 ReactNode。

14.2.3 卡片操作

在卡片的底部有時候會放置一些按鈕讓我們進行操作，Antd 已經設計好一個固定的樣式，並透過 actions 這個 props 來傳入，很有趣的是，actions 是一個 array of ReactNode，按照這個格式傳入，便能夠幫你處理好這些 action 按鈕的排版。

14.2.4 關於 MUI 卡片

MUI 跟 Antd 設計上我覺得比較不同的是，可能考慮到卡片變化的多樣性，他並不先預設立場覺得你的卡片一定要長怎麼樣，他的設計比較像是他提供了很多的積木，你可以按照你的喜好來拼裝你的卡片，因此我們可以看到 CardMedia 元件來幫助我們處理卡片封面的多媒體，CardContent 來幫助我們處理卡片內容，而 CardActions 來幫我們處理卡片的操作行為。

我覺得 Antd 及 MUI 兩者的設計思維也是不一樣。如果要讓元件多一點彈性，那元件的程式碼就很難寫得簡潔，例如像 Antd 那樣傳一個 props 就可以搞定，所以 MUI 才會設計成積木拼裝的卡片元件。但如果想要元件寫起來簡潔一點，那我們勢必會需要對你的樣式預設立場，傳幾個固定型別的 props 進去就能夠迅速做出卡片，但多少會失去一些變化的彈性。

我自己的想法是，我們設計卡片的時候可以學習 MUI 那樣，把每一個區塊拆成可拼裝的積木，所以我們就會擁有一系列卡片相關的元件模組可以來組裝。然後假設我們今天要做的是商品卡片，這個商品卡片勢必是會有一定程度的樣式統一，那我們就用這些積木來拼裝成一個商品卡片，以後的使用方式就是只要能直接將商品資料當作 props 來傳入，就能快速產生商品卡片。

改天我們在會員管理頁需要會員卡片，那我們也能夠重新用這些卡片積木來拼裝出一個會員卡片，以後在會員管理的地方只要傳入一些會員資料，就能夠快速產生這些會員卡片。

所以以上述為例，商品卡片不能直接拿來當作會員卡片使用，因為他們可能樣式上的差異導致很難共用。但是由於下面基礎的積木都是一樣的，那至少我們可以共用這些積木來組裝成不同的卡片。

▌**14.3 介面設計**

14.3.1 **Card**

屬性	說明	類型	預設值
variant	變化模式	vertical、horizontal、horizontal-reverse	vertical
cover	卡片封面媒體	ReactNode	
footer	卡片置底頁尾	ReactNode	

14.3.2 **Card Meta**

屬性	說明	類型	預設值
avatar	頭像	ReactNode	
title	卡片標題	ReactNode	
description	卡片描述	ReactNode	

14.4 元件實作

14.4.1 元件結構

卡片的樣式有千千萬萬種，因此我們希望卡片可以限定在一定的框架下，同時又保留一些彈性，因此我們的卡片結構會如下：

```
1.  const Card = ({
2.    className, cover, variant,
3.    children, footer, ...props
4.  }) => (
5.    <StyledCard className={className} $variant={variant}
            {...props}>
6.      <Cover className="card__cover">{cover}</Cover>
7.      <SpaceBetween>
8.        {children}
9.        {footer}
10.     </SpaceBetween>
11.   </StyledCard>
12. );
```

14.4.2 卡片封面媒體

首先我們來看 `<Cover />`，他是一個「卡片封面媒體」，常見的內容是一個主題圖片，但其實也有機會他會是一個影片，或是一個輪播圖片元件 Carousel... 等等。

為了適應不同內容，我們乾脆讓 cover 成為一個 props 從外部傳入，這樣就能夠根據不同情境來變化。

這邊 cover 是以圖片為例子，因此使用起來的樣子如下：

```
1.  <Card
2.    cover={<img src="https://....jpg" alt="" />}
3.  >
4.    {children}
5.  </Card>
```

14.4.3 卡片內容

卡片的內容也是有各種可能，因此類似於 cover 一樣，我們也是讓他由 props 來傳入。

但是如果什麼東西都不確定，什麼東西都由 props 傳入，那乾脆就不需要元件了不是嗎？

因此 children 當中，我們也可以把一些卡片常見的樣式包成元件，以便重複使用，這邊舉一個例子是 <Meta />。

Meta 是一個包含 avatar、title、description 的元件：

> **Software Development Engineer, Alexa Smart Properties**
> Amazon · 印度 卡納塔卡 邦加羅爾

▲ 圖 14-3 包含 Avatar、title、description 的 Meta

這個樣式他很常見，但卻不一定總是會出現，因此把他綁死進 children 就不一定適合每個情境，因此乾脆把 Meta 獨立抽出來，當有需要的時候，再把他放進去 children 裡面，因此我們卡片如果使用 Meta 的話，可以像這樣做：

```
1.  import Card from '../components/Card';
2.  import Meta from '../components/Card/Meta';
3.
4.  <Card
```

```
5.    cover={<img src="https://....jpg" alt="" />}
6.  >
7.    <CardContent>
8.      <Meta
9.        avatarUrl="https://.../demo.png"
10.       title={title}
11.       description={description}
12.     />
13.     {...其他卡片內容...}
14.   </CardContent>
15. </Card>
```

以下面 Hahow 課程卡片來說，有些課程是募資課，他有募資進度條、開課狀態 ... 等等，另一種類型的卡片可能是非募資課，他會需要標示評價、課程時數、上課同學數、價錢等等。

募資卡片及非募資卡片 cover image、title、avatar 樣式是一樣的，但其他不同的地方，我們可以用上面 Meta 範例一樣的方式來組裝，需要募資進度的時候，就在 children 裡面放入 <Progress />，非募資課，那我們就放入其他課程資料 <CourseInfo />、<Price /> ... 等等。

這樣的話，卡片元件就能夠適度的共用，又能夠保留適度的彈性。

▲ 圖 14-4 有 Progress 和沒有 Progress 的共用卡片

14.4.4 卡片置底頁尾

我們可以看到 Antd 他也把卡片操作組另外獨立成一個 props 來傳入，而不是放在 children 裡面：

```
1.  <Card
2.    cover={...}
3.    actions={[
4.      <SettingOutlined key="setting" />,
5.      <EditOutlined key="edit" />,
6.      <EllipsisOutlined key="ellipsis" />,
7.    ]}
8.  >
9.    {children}
10. </Card>
```

Antd 這樣的好處是讓我們可以只傳入 icon 的陣列，就產生下面的操作按鈕。

不過其實有時候我們不想要這樣的樣式，我比較希望是有一個 props 讓我傳入的 element 可以保持置底就好，其他樣式我可以自己另外決定，我覺得這樣的自由度比 actions 大，所以我想要設計成這樣：

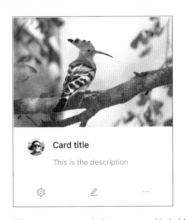

▲ 圖 14-5 Antd 中有 actions 的卡片

```
1.  <Card
2.    cover={...}
3.    footer={(
4.      <Actions>
5.        <ThumbUpIcon />
6.        <ShareIcon />
7.        <NotificationsIcon />
```

```
8.      </Actions>
9.    )}
10. >
11.   {children}
12. </Card>
```

這樣我就可以在底部亂放我想要放的東西啦！

▲ 圖 14-6 能夠客製化 footer 樣式的卡片

14.4.5 變化模式 (variant)

除了直式的卡片以外，有時候也會看到橫式的卡片，橫式的話有時候 cover 在左邊，有些在右邊，因此我定義了三種變化模式 vertical、 horizontal、horizontal-reverse

這邊我們可以採用 FormControl 那篇有介紹過的 flex 佈局的屬性 flex-direction 來達成：

```
1.  const verticalStyle = css`
2.    display: inline-flex;
3.    flex-direction: column;
4.  `;
5.
6.  const horizontalStyle = css`
```

```
7.    display: flex;
8. `;
9.
10. const horizontalReverseStyle = css`
11.    display: flex;
12.    flex-direction: row-reverse;
13. `;
```

這樣在同樣的 DOM 結構下，我們一樣能夠做到不同方向性的卡片了，以下
是我們今天的成果：

▲ 圖 14-7 不同變化模式的卡片

▌14.5 原始碼及成果展示

https://github.com/TimingJL/13th-ithelp_
custom-react-ui-components/blob/main/src/
components/Card/index.jsx

▲ 圖 14-8 Card 原始碼

https://github.com/TimingJL/13th-ithelp_
custom-react-ui-components/blob/main/src/
components/Card/Meta.jsx

▲ 圖 14-9 Meta 元件原始碼

https://timingjl.github.io/13th-ithelp_custom-
react-ui-components/?path=/docs/ 數據展示元
件 -card--default

▲ 圖 14-10 Card 成果展示

15

數據展示元件 - Carousel

15.1 元件介紹

Carousel 是一個像旋轉木馬一樣會輪流轉的輪播元件。在一個內容空間有限的可視範圍中進行內容的輪播展示。通常適用於一組圖片或是卡片的輪播。

Carousel 的樣式也是五花八門，隨便在 google 下一個關鍵字就能夠找到各種不同形式的 Carousel。

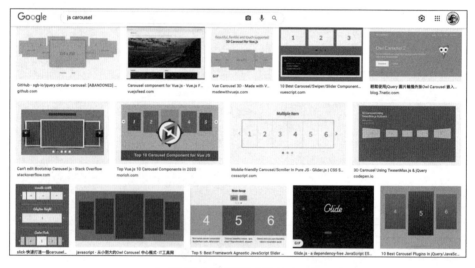

▲ 圖 15-1 不同樣式的 Carousel

所以在這邊我們也是挑一個簡單易做的 Carousel 來實現。

15.2 參考設計 & 屬性分析

15.2.1 dataSource

由於是一組輪流播放的圖片,所以首先我們需要提供給這個元件一個 list 的
資料,其中 list 的每一筆資料我們希望能夠包含一個 image url。

15.2.2 autoplay

autoplay 提供一個 boolean 來決定這個輪播是否自動切換。

15.2.3 dots

dots 是一個 boolean,用來決定是否出現「指示點」。

15.3 介面設計

屬性	說明	類型	預設值
className	客製化樣式	string	
dataSource	輪播資料	list of image url	
autoplay	是否自動播放	boolean	false
hasDots	是否顯示指示點	boolean	true
hasControlArrow	是否顯示上一個、下一個切換鍵	boolean	true

15.4 元件實作

15.4.1 元件結構

我們的 Carousel 包含了輪播圖片本身、左右切換按鈕，以及指示點，所以 DOM 大致上會長得像下面這個形狀：

```
1.  <CarouselWrapper>
2.    <ImageWrapper>
3.      {...images...}
4.    </ImageWrapper>
5.    <ControlButtons />
6.    <Dots />
7.  </CarouselWrapper>
```

由下圖知道，輪播圖片、左右切換按鈕以及指示點都是疊在一起的，有點是分不同圖層的概念，所以這邊的定位都是使用 position: absolute;。

▲ 圖 15-2 輪播圖片、左右切換鍵以及指示點

15.4.2 圖片輪播的計算方法

我們就直接來看 Carousel 的核心,到底要怎麼讓圖片可以輪播。

這邊我們是要做 slide 動畫的輪播,所以為了讓圖片可以在 X 軸上左右滑動,勢必會使用到 `position: absolute;`、`left`、`transition` 這三個關鍵的 CSS。

如下圖示意,為了讓圖片能夠左右滑動輪播,我們可以先將圖片排成一整排,並且在可視範圍之外的地方隱藏這些圖片。

排成一整排的方式不能像以前那樣使用 flex 佈局來達成,而是會需要算一些數學,計算出每一張圖片的位置,也就是他的 `left` 值,之後要輪轉的時候,就是去改變這個 `left` 數值,搭配 `transition` 過場動畫,就能夠做到輪播的效果。

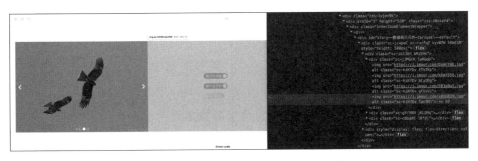

▲ 圖 15-3 其他的圖片透過 left 定位放在可視範圍之外

概念上已經說明完了,接下來我們來看程式碼,left 的計算很簡單,就是目前迭代到的這個 image 與正在可視範圍中的那個 current image 的距離,乘上圖片的寬度就是了:

```
1.  const makePosition = ({ itemIndex }) => (itemIndex -
       currentIndex) * imageWidth;
2.
```

```
3.  <ImageWrapper>
4.    {
5.      dataSource.map((imageUrl, index) => (
6.        <Image
7.          key={imageUrl}
8.          src={imageUrl}
9.          alt=""
10.          $left={makePosition({ itemIndex: index })}
11.        />
12.    ))
13.    }
14. </ImageWrapper>
```

15.4.3 切換圖片的左右按鈕

切換左右的按鈕我希望只專注在計算哪一張圖片是 current，也就是正在可視範圍中的圖片，避免在這些 function 裡面做太多其他的事，保持他功能的單純性。

所以看下面 click next 的 function，我只有計算讓 current index 不斷的 +1，直到尾部的時候再從頭開始；反之，click prev 的 function 就是讓 current index 不斷的 -1，直到 0 的時候再從尾部開始：

```
1.  const getIndexes = () => {
2.    const prevIndex = currentIndex - 1 < 0 ? dataSource.length
        - 1 : currentIndex - 1;
3.    const nextIndex = (currentIndex + 1) % dataSource.length;
4.
5.    return {
6.      prevIndex, nextIndex,
7.    };
8.  };
9.
10. const handleClickPrev = () => {
```

```
11.    const { prevIndex } = getIndexes();
12.    setCurrentIndex(prevIndex);
13. };
14.
15. const handleClickNext = useCallback(() => {
16.    const { nextIndex } = getIndexes();
17.    setCurrentIndex(nextIndex);
18.    // eslint-disable-next-line react-hooks/exhaustive-deps
19. }, [currentIndex]);
20.
21.
22. <ControlButtons>
23.    <ArrowLeft onClick={handleClickPrev} />
24.    <ArrowRight onClick={handleClickNext} />
25. </ControlButtons>
```

15.4.4 自動播放

自動播放當然就是要靠我們的 setInterval 了，這裡會希望每 3 秒就改變 current index 一次，改變的方式可以直接呼叫上面做好的 handleClickNext function：

```
1.  useEffect(() => {
2.    let intervalId;
3.    if (autoplay) {
4.      intervalId = setInterval(() => {
5.        handleClickNext();
6.      }, 3000);
7.    }
8.    return () => {
9.      clearInterval(intervalId);
10.   };
11. }, [autoplay, handleClickNext]);
```

以上就是我們 Carousel 的重點整理啦！簡單展示一下成果：

▲ 圖 15-4 Carousel 元件成果

15.5 原始碼及成果展示

https://github.com/TimingJL/13th-ithelp_
custom-react-ui-components/blob/main/src/
components/Carousel/index.jsx

▲ 圖 15-5 Carousel 原始碼

https://timingjl.github.io/13th-ithelp_custom-
react-ui-components/?path=/docs/ 數據展示元
件 -carousel--default

▲ 圖 15-6 Carousel 成果展示

16

數據展示元件 - Table

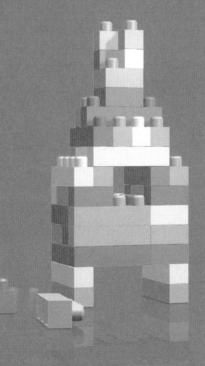

16.1 元件介紹

Table 顧名思義就是一個表格元件，用來整齊的顯示行列數據。

16.2 參考設計 & 屬性分析

我自己覺得 table 是一個還蠻繁瑣的元件，要組成一個 table 就需要各式各樣的 tag，例如 table、thead、tbody、tr、td。

特別是當 table 的資料比較複雜的時候，程式碼的結構也會跟著複雜起來，甚至會需要夾雜 JavaScript 的邏輯判斷在裡面，當程式碼變得很難一眼看懂的時候，維護起來所要下的功夫也會隨之增加。

```
1.  <table>
2.      <thead>
3.          <tr>
4.              <th colspan="2">The table header</th>
5.          </tr>
6.      </thead>
7.      <tbody>
8.          <tr>
9.              <td>The table body</td>
10.             <td>with two columns</td>
11.         </tr>
12.     </tbody>
13. </table>
```

因此有時候我們也可以擁有另一種選擇，就是希望能夠做一個元件，用來避免每次都要撰寫這些複雜的巢狀結構，而是只要給定表格的欄位以及資料，這個元件就能夠自動產生 Table。例如 Antd 的 Table 就是這樣設計的：

```
1.  import { Table } from 'antd';
2.
3.  <Table dataSource={dataSource} columns={columns} />;
```

用 Data 直接映射出 Table 的方式，雖然在功能和樣式上有一些限制，但是這樣的犧牲可以為我們帶來維護上的好處，特別是我們網站上有許多的 Table，並且這些 Table 並不會差異太大的時候，或許可以考慮這樣的方式，例如可能某個後台管理系統在不同的分頁會需要類似的表格，會員管理表格、文章管理表格、訂單管理表格 ...... 等等。

因此本篇中會展示如何做出一個簡單的 Data table，並且選擇一些我覺得可能會容易用到的屬性來當範例。

16.2.1　columns

columns 這個屬性用來描述表格欄位的配置，每一欄用一個物件來表示，其中，title 用來描述要顯示的欄位名稱；dataIndex 用來做與資料的對應；render 可以幫助我們在這一欄當中產生比較複雜的數據，例如這一欄當中需要顯示 icon 或需要實現點擊事件等等；width 用來指定欄位的寬度；align 用來設置欄位對齊的方式。

```
1.  const columns = [
2.    {
3.      title: 'Name',
4.      dataIndex: 'name',
5.      width: '100px',
6.      align: 'center',
7.      render: ({ name }) => <a href="...">{name}</a>,
8.    },
9.    //... 其他欄位
10. ];
```

16.2.2 dataSource

dataSource 用來指定表格的數據內容，一個 object 代表一列，以下面為例，會有 name、age、address 等資料。

```
1.  const dataSource = [
2.    {
3.      key: '1',
4.      name: '胡彥斌',
5.      age: 32,
6.      address: '西湖區湖底公園1號',
7.      tags: ['nice', 'developer'],
8.    },
9.    {
10.     key: '2',
11.     name: '胡彥祖',
12.     age: 42,
13.     address: '西湖區湖底公園1號',
14.     tags: ['cool', 'teacher'],
15.   },
16. ];
```

16.3 介面設計

16.3.1 Table

屬性	說明	類型	預設值
columns	描述表格欄位的配置	ColumnsType[]	
dataSource	指定表格的數據內容	object[]	

16.3.2 Columns

屬性	說明	類型	預設值
title	欄位名稱	string	
dataIndex	用來對應數據	string	
width	設置寬度	string、number	
align	設置對齊方式	left、right、center	
render	產生數據複雜的渲染	(data) => {}	

16.4 元件實作

16.4.1 元件結構

按照上述的分析以及說明，我們可以開始 Data Table 的實作。

因為已經有了 columns 這個資料，所以我們可以把 table header 用迭代的方式產生出來：

```
1.  const columns = [
2.    {
3.      title: 'Name',
4.      dataIndex: 'name',
5.      width: '100px',
6.      align: 'center',
7.      render: ({ name }) => <a href="...">{name}</a>,
8.    },
9.    //... 其他欄位
10. ];
```

```
1.  <table>
2.    <thead>
3.      <tr>
4.        {
```

```
5.          columns.map((column) => (
6.            <th key={column.key}>
7.              {column.title}
8.            </th>
9.          ))
10.        }
11.      </tr>
12.    </thead>
13.    <tbody>...</tbody>
14. </table>
```

再來因為已經有了 dataSource，也就是每一筆 row 的資料，所以我們也可以用迭代的方式把內容產生出來。

但這邊會比 header 較複雜一點，我用了兩層的迴圈，最外層的迴圈是一筆一筆的 row 的資料，而內層的迴圈，是一筆 row 當中每個 column 的資料。

所以外層用 dataSource 來迭代，而內層用剛剛迭代出 header 的 columns 來迭代，因此程式碼如下：

```
1.  <tbody>
2.    {
3.      dataSource.map((data) => (
4.        <tr key={data.key}>
5.          {
6.            columns.map((column) => {
7.              const { dataIndex } = column;
8.              const foundCellData = column.render
9.                ? column.render(data[dataIndex])
10.               : data[dataIndex];
11.             return (
12.               <td key={column.key}>
13.                 {foundCellData}
14.               </td>
15.             );
```

```
16.            })
17.         }
18.      </tr>
19.    ))
20.  }
21. </tbody>
```

好啦，用以上的方式，我們就可以不用自己去寫 table 的結構，直接從外面定義好 columns 以及 dataSource，就能夠產生出一個 table 了！這樣即使資料增加很多筆，程式碼中的 table 也不會越來越大坨。

下面就是我們產生出的不帶樣式的 table：

Name	Age	Address
John Brown	32	New York No. 1 Lake Park
Jim Green	42	London No. 1 Lake Park
Joe Black	32	Sidney No. 1 Lake Park

▲ 圖 16-1 不帶樣式的 table

但是這個 table 也不是真的完全不帶樣式啦，我至少有給他 border，然後有處理一下 `border-collapse` 的問題，border-collapse 屬性的功能是用來將表格欄位邊框合併，讓表格變得更美化：

```
1. const StyledTable = styled.table`
2.   border-collapse: collapse;
3.   * {
4.     border: 1px solid #000;
5.     box-sizing: border-box;
6.   }
7. `;
```

當然這個樣式真的是太陽春，不過沒關係，因為這個 table 是我們自己手刻的，所以也可以按照自己心意調整樣式，這邊我示範一個透過 styled-components 來客製化樣式的例子，我以一個 Antd 樣式的 table 為例：

```
1.  const AntdStyle = styled(Table)`
2.    width: 100%;
3.    * {
4.      border: none;
5.      white-space: nowrap;
6.      text-align: left;
7.    }
8.    th {
9.      background: #fafafa;
10.   }
11.   td, th {
12.     padding: 16px;
13.   }
14.   tr {
15.     border-bottom: 1px solid #f0f0f0;
16.   }
17. `;
```

成果如下圖，簡單幾個 css 就能夠讓他看起來有模有樣，而且我們的 props
傳入介面也完全不會受到影響：

Name	Age	Address
John Brown	32	New York No. 1 Lake Park
Jim Green	42	London No. 1 Lake Park
Joe Black	32	Sidney No. 1 Lake Park

▲ 圖 16-2 模仿 Antd 樣式的 table

16.4.2 指定欄位寬度

我們也可以像 antd 一樣，從 columns 資料結構當中，給他 width 的屬性，
讓他可以指定那個欄位要多大的寬度，像這樣：

```
1.  const columns = [
2.    {
3.      title: 'Name',
4.      dataIndex: 'name',
5.      width: 130,
6.    },
7.    //... 其他欄位
8.  ];
```

而 table 的結構就能夠根據這個 width 來調整欄位的寬度：

```
1.  <thead>
2.    <tr>
3.      {
4.        columns.map((column) => (
5.          <th key={column.key} style={{ width: column.width }}>
6.            {column.title}
7.          </th>
8.        ))
9.      }
10.   </tr>
11. </thead>
```

16.4.3 凍結欄位效果 (Sticky column)

螢幕不夠寬，但是 table 很寬，欄位很多的時候，勢必會需要 sticky column 的功能，先開門見山給大家看一下效果：

Name	Age	Address
John Brown	32	New York No. 1 Lake Park
Jim Green	42	London No. 1 Lake Park
Joe Black	32	Sidney No. 1 Lake Park

▲ 圖 16-3 凍結欄位效果 (Sticky column)

為了做到可以 scroll 的效果，必須要調整一下 table 元件的結構，我們要在 table 外面再包一層 div，使得 div 容納不下 table 的寬度的時候可以出現 scroll bar：

```
1.  <div style={{ width: '100%', overflow: 'auto' }}>
2.    <StyledTable
3.      className={className}
4.      $columnsCount={columns.length}
5.    >
6.      <thead>...</thead>
7.      <tbody>...</tbody>
8.    </StyledTable>
9.  </div>
```

我們想要做到的效果是，當 columns 的資料裡面有 fixed: true 的時候，我們要可以凍結住那一欄，像是下面這樣：

```
1.  const columns = [
2.    {
3.      title: 'Name',
4.      dataIndex: 'name',
5.      width: 130,
6.      fixed: true,
7.    },
8.    //... 其他欄位
9.  ];
```

準備好 props 的資料之後，我們就要把 fixed 這個 props 傳入元件中對應的節點，需要傳入的節點是 thead 上面第一個 column 的 th，以及 tbody 當中第一個 column 的 td：

```
1.  <thead>
2.    <tr>
3.      {
4.        columns.map((column) => (
```

```
5.          <Th
6.            key={column.key}
7.            $width={column.width}
8.            $fixed={column.fixed}
9.          >
10.           {column.title}
11.         </Th>
12.       ))
13.     }
14.   </tr>
15. </thead>
16. <tbody>
17.   {
18.     dataSource.map((data) => (
19.       <tr key={data.key}>
20.         {
21.           columns.map((column) => {
22.             const { dataIndex } = column;
23.             const foundCellData = column.render
24.               ? column.render(data[dataIndex])
25.               : data[dataIndex];
26.             return (
27.               <Td key={column.key} $fixed={column.fixed}>
28.                 {foundCellData}
29.               </Td>
30.             );
31.           })
32.         }
33.       </tr>
34.     ))
35.   }
36. </tbody>
```

在 styled-components 當中拿到這個 fixed 之後我們來決定要不要讓他可以
凍結：

```
1.   const Th = styled.th`
2.     width: ${(props) => props.$width}px;
3.     ${(props) => props.$fixed && stickyLeftStyle};
4.   `;
5.
6.   const Td = styled.td`
7.     background: #FFF;
8.     ${(props) => props.$fixed && stickyLeftStyle};
9.   `;
```

凍結的關鍵 CSS 在這邊，我們用 `position: sticky;` 這個屬性來幫助我們做到凍結：

```
1.   const stickyLeftStyle = css`
2.     position: sticky;
3.     left: 0px;
4.     z-index: 2;
5.
6.     /* ...(略) */
7.   `;
```

到目前為止我們就能夠做出一個沒有陰影樣式的 sticky column 效果了：

Name	Age	Address
John Brown	32	New York No. 1 Lake Park
Jim Green	42	London No. 1 Lake Park
Joe Black	32	Sidney No. 1 Lake Park

▲ 圖 16-4 沒有陰影樣式的凍結欄位效果 (Sticky column)

沒有陰影或是 border 真的是很難看出欄位之間的邊界，但是我們實際上動手做過就會知道，這邊的 boder 或是要做陰影真的沒有那麼直覺就能夠做到，所以我去偷看了一下 Antd 的樣式，學到了他的撇步：

```
1.  const stickyLeftStyle = css`
2.    position: sticky;
3.    left: 0px;
4.    z-index: 2;
5.    &:after {
6.      content: "";
7.      position: absolute;
8.      right: 0px;
9.      top: 0px;
10.     width: 30px;
11.     height: 100%;
12.     box-shadow: inset 10px 0 8px -8px #00000026;
13.     transform: translateX(100%);
14.   }
15. `;
16. const stickyLeftStyle = css`
17.   position: sticky;
18.   left: 0px;
19.   z-index: 2;
20.   &:after {
21.     content: "";
22.     position: absolute;
23.     right: 0px;
24.     top: 0px;
25.     width: 30px;
26.     height: 100%;
27.     box-shadow: inset 10px 0 8px -8px #00000026;
28.     transform: translateX(100%);
29.   }
30. `;
```

這邊的陰影並不是 column 自己本身的陰影，而是透過他的偽元素 ::after 來模擬陰影的效果，讓 ::after 往右邊外面延伸，並且給他陰影，讓整個看起來很像是 column 自己的陰影：

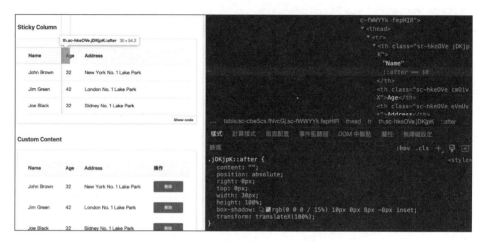

▲ 圖 16-5 透過偽元素 ::after 來模擬陰影的效果

16.4.4 客製化表格內容

當然，除了要讓表格內容能夠顯示文字之外，我們也希望能夠支援其他的內容。例如下圖的表格內容能夠放入刪除按鈕，我先做一個很陽春的樣式來示意：

Name	Age	Address	操作
John Brown	32	New York No. 1 Lake Park	刪除
Jim Green	42	London No. 1 Lake Park	刪除
Joe Black	32	Sidney No. 1 Lake Park	刪除

▲ 圖 16-6 表格內容可以放刪除按鈕

要怎麼做到這件事呢？我們看一下 Antd 介面上是怎麼設計，他是透過在 column 資料結構裡面定義一個 render 的屬性，他是一個 function，可以幫助我們在指定的 cell 當中 render 出我們期待的內容：

```
1.  const columns = [
2.    //... 其他欄位
3.    {
4.      title: '操作',
5.      dataIndex: 'actions',
6.      key: 'actions',
7.      render: () => (
8.        <Button themeColor="secondary">
9.          <span>刪除</span>
10.       </Button>
11.     ),
12.   },
13. ];
```

在我們的 table 元件當中，當然就是判斷有沒有這個 render 的欄位，如果有的話就呼叫他，把內容畫出來，如果沒有的話，就顯示預設的文字：

```
1.  <tbody>
2.    {
3.      dataSource.map((data) => (
4.        <tr key={data.key}>
5.          {
6.            columns.map((column) => {
7.              const { dataIndex } = column;
8.              const foundCellData = column.render
9.                ? column.render(data[dataIndex])
10.               : data[dataIndex];
11.             return (
12.               <Td key={column.key} $fixed={column.fixed}>
13.                 {foundCellData}
14.               </Td>
```

```
15.              );
16.            })
17.          }
18.       </tr>
19.     ))
20.   }
21. </tbody>
```

以上就是我展示的簡易 Data table，當然要把一個 table 做好，還有許多細節需要注意，也有許多功能值得我們擴充，但是不見得每個功能我們都會需要，因此大家按照自己的專案的需求來調整就可以了。

▌16.5 原始碼及成果展示

https://github.com/TimingJL/13th-ithelp_
custom-react-ui-components/blob/main/src/
components/Table/index.jsx

▲ 圖 16-7 Table 原始碼

https://timingjl.github.io/13th-ithelp_custom-
react-ui-components/?path=/docs/ 數據展示元
件 -table--default

▲ 圖 16-8 Table 成果展示

17

數據展示元件 - Infinite scroll

17.1 元件介紹

`Infinite scroll` 能在面對多筆資料時，讓捲軸滑動到底部時再載入下個頁面的資料。

由於一次性向後端取得大批的資料，對於後端的資料計算、資料透過網路傳輸、頁面的渲染，在效能上都有可能會有影響，因此將資料分批載入也有助於網頁效能的優化。

另一個分批載入常見的做法是使用 Pagination，分頁載入，雖然都是分批載入，但是使用情境有一些區別，Infinite scroll 的優點是一直往下滑就會自動有資料載入，操作效率較流暢，但缺點是難以回去找剛剛看過的東西。所以如果網頁內容是希望讓使用者能夠有效率地找尋特定資訊時，這時選擇 Pagination 會比 Infinite scroll 較為適合。

17.2 參考設計 & 屬性分析

Infinite scroll 的特點是讓資料滾到底部時自動載入，所以這邊的關鍵是，我們要如何判斷「是否已經滾動到底部」？

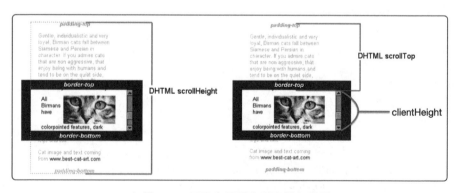

▲ 圖 17-1 元素中各種高度意義示意圖

從上圖可以知道，`Element.scrollHeight` 表示元件的可滾動範圍；`Element.scrollTop` 指的是元素被向上滾動的高度，換句話說就是你已經走過的距離；最後 `Element.clientHeight` 就是指元素內部高度，也就是滾動可視範圍的高度。

```
1.  Element.scrollTop + Element.clientHeight >= Element.scrollHeight
```

所以「滾動到底部」換句話來說，就是你滾過的距離加上自己元素的高度，大於等於可滾動範圍的高度。

▌ 17.3 介面設計

屬性	說明	類型	預設值
height	元件高度	number	
isLoading	載入中狀態	boolean	false
onScrollBottom	滑動到底部的 callback	function	
children	內容	list of ReactNode	

▌ 17.4 元件實作

17.4.1 使用 onScroll 事件監聽來實作

以下是我們想像當中的 `InfiniteScroll`，在元件的 children 當中就是被瀏覽的內容，所以被 `InfiniteScroll` 包起來的內容我們希望被不斷的載入。

因為他是一個可被滑動的範圍，所以這個容器需要被限制高度，內容超出這個高度才有辦法被 scroll。

再來我們需要在滑動到底部的時候觸發事件，例如需要去打某支 API 來載入資料，因此這裡提供一個 `onScrollBottom` 的 callback。

然後我們在打 API 的時候，是一個非同步行為，會有載入中的狀態，因此也有一個 `isLoading` 的 Boolean props：

```
1.  <InfiniteScroll
2.    height={250}
3.    isLoading={isLoading}
4.    onScrollBottom={() => {}}
5.  >
6.    {...}
7.  </InfiniteScroll>
```

如下程式碼所示，為了計算何時滑動到底部，我們需要透過 `useRef` 來操作這個容器的 DOM：

```
1.  const infiniteScrollRef = useRef();
2.
3.  <InfiniteScrollWrapper
4.    ref={infiniteScrollRef}
5.    $height={height}
6.    onScroll={handleOnScroll}
7.  >
8.    {children}
9.    {isLoading && <Loading />}
10. </InfiniteScrollWrapper>
```

前面分析我們也已經介紹過如何判斷滑動到底部的方法，因此在 onScroll 的時候，我們需要去觸發這個計算：

```
1.  const handleOnScroll = () => {
2.    const containerElem = infiniteScrollRef.current;
3.    if (containerElem) {
```

```
4.      const scrollPos = containerElem.scrollTop +
            containerElem.clientHeight;
5.      const divHeight = containerElem.scrollHeight;
6.
7.      // 滾過的距離加上自己元素的高度，大於等於可滾動範圍的高度
8.      if ((scrollPos >= divHeight) && onScrollBottom) {
9.        onScrollBottom();
10.     }
11.   }
12. };
```

這樣我們簡單的 InfiniteScroll 就搞定了！

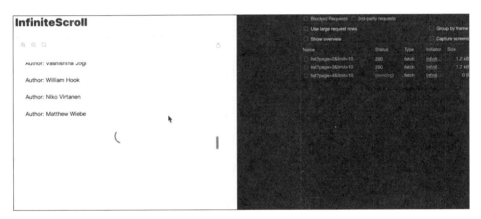

▲ 圖 17-2 滑到底部時，能夠觸發 GET api 來取得下一頁資訊

從上圖來看，當我們滑動到底部的時候，就會去觸發 GET api 來取得下一頁的資料，並且將資料更新到畫面上。

我使用的方式是，在 onScrollBottom 被呼叫的時候，表示他滑到底部了，所以我要取得下一頁的資料，因此我透過 setPage 這個 useState 將 page + 1：

```
1.  const [page, setPage] = useState(1);
2.
3.  <InfiniteScroll
4.    height={250}
5.    isLoading={isLoading}
6.    onScrollBottom={() => {
7.      if (!isLoading) {
8.        setPage((prev) => prev + 1);
9.      }
10.   }}
11. >
12.   {
13.     dataSource.map(({ id, author, download_url }) => (
14.       <ListItem
15.         key={id}
16.         author={author}
17.         url={download_url}
18.       />
19.     ))
20.   }
21. </InfiniteScroll>
```

當 page 這個 state 被改變的時候，我就要去打 API 來載入資料，所以我這便是透過 useEffect 來實作，並且他的 comparison array 裡面就放了 page，表示 page 被改變的時候，需要執行裡面的內容：

```
1.  useEffect(() => {
2.    setSideEffect({
3.      ...defaultSideEffect,
4.      isLoading: true,
5.    });
6.
7.    const url = `https://picsum.photos/v2/list?page=${page}
                    &limit=${limit}`;
```

```
8.    fetch(url, {})
9.      .then((response) => {
10.       setSideEffect({
11.         ...defaultSideEffect,
12.         isLoaded: true,
13.       });
14.       return response.json();
15.     })
16.     .then((jsonData) => {
17.       setDataSource((prev) => [...prev, ...jsonData]);
18.     })
19.     .catch((error) => {
20.       setSideEffect({
21.         ...defaultSideEffect,
22.         error,
23.       });
24.     });
25. }, [page]);
```

17.4.2 使用 Intersection Observer API 來實作

先前透過事件監聽及透過各種方法來計算是否滾動條滑到最底部,雖然整個設計想法很符合直覺,但事實上要計算這些部分也是有點複雜,一不小心我們可能就會在 scrollHeight 或 clientHeight 等眾多的參數中搞混,所以也會容易算錯。

另一方面,如果我們是透過 Element.getBoundingClientRect()、offsetTop、offsetLeft 等取得元素的大小、相對 viewport 或其他元素的位置等等,會迫使瀏覽器同步的 (synchronously) 重新計算整個頁面的佈局,使得效能降低。換句話說,這是一件成本較高的作法。

換個想法，比起我們一直去監聽滾動條是否滑動到底部，不如滑動到底部時有人來告訴我，不是更好嗎？就像是媽媽要監督兒子寫作業，每五分鐘去看一次兒子寫完了沒，不如兒子寫完了自己來告訴媽媽，這樣對於媽媽就會比較輕鬆。

Intersection Obeserver API 的誕生幫我們解決了需要不斷偵測元素是否已經進入「可視範圍 (viewport)」這件事情。他能自動觀察目標元素是否進出父層 (或其外層) 元素，或進出瀏覽器的可視範圍。

這裡簡單說明一下 Intersection Obeserver API 的用法。使用 Intersection Observer 物件建構子產生一個實例，並帶入兩個參數，分別是 callback 函式和 options。

- callback 函式：當目標元素進入或離開指定外層或預設可視範圍時觸發。
- options：設定和控制在哪些情況下，呼叫 callback 函式。這裡有一些我們可以用的參數：
  - root：指定「可視範圍」，預設是 document viewport。
  - rootMargin：設定 root 周圍的 margin，預設是 0。
  - threshold：設定目標元素的可見度達到多少比例時，觸發 callback 函式，預設是 0。

當創建完一個 IntersectionObserver 實例之後，就能透過 observe() 函式設定要觀察的元素。

我們來看看下面這樣的結構：

```
1.  <InfiniteScrollWrapper>
2.    {children}
3.    <Loading ref={loadingRef}>
4.      <StyledCircularProgress />
5.    </Loading>
6.  </InfiniteScrollWrapper>
```

其中，children 可以把他想成是 Infinite scroll 的列表，而 <Loading /> 則是底部的載入狀態圖示。

實作的方式有很多種，我們提供一種想法給讀者參考。我們想想，要觸發載入機制的條件是什麼呢？如果當這個列表一直被往下滑，滑到底部的時候，出現了載入狀態圖示，那是不是表示我們就可以觸發載入機制了？

所以我們的目標就是要去觀察這個載入圖示，他是不是出現在「可視範圍」當中，如果出現了，那我們就去打 API，把資料撈回來，加入 Infinite scroll 列表當中。整體的邏輯上我們可以這樣來規劃。

下面這是我的關鍵步驟：

```
1.  React.useEffect(() => {
2.    const loadingElem = loadingRef.current;
3.    const intersectionObserver = new IntersectionObserver(
4.      (entries) => {
5.        if (entries[0].isIntersecting) {
6.          onScrollBottom();
7.        }
8.      }
9.    );
10.   if (loadingElem) {
11.     intersectionObserver.observe(loadingElem, {
12.       threshold: 0.5
13.     });
14.   }
15.   return () => {
16.     intersectionObserver.unobserve(loadingElem);
17.   };
18. }, []);
```

我們逐一來說明一下程式碼。下面這一行程式碼要做的事情是設置觀察的目標，就是 loadingElem，而 threshold 則可以設定目標元素的可見度達到多少比例時才觸發 callback 函式，我們這裡的範例設為 0.5，表示當 loadingElem 出現 50% 的時候，要觸發 callback。

```
1.   intersectionObserver.observe(loadingElem, { threshold: 0.5 });
```

當 callback 被觸發的時候，我們會拿到 entities，裡面記載了被觀察元素進出可視範圍變化的資訊。這裡使用的資訊是 `isIntersecting`，他用來判斷被觀察的目標元素是否進入或離開了可視範圍，是一個布林值。

```
1.   if (entries[0].isIntersecting) {
2.     //   在目標元素進入可視範圍時執行
3.   }
```

這裡我們要執行的函式便是 onScrollBottom，是由 InfiniteScroll 元件外部傳入的 callback，通常我們用來載入下一頁的資料。

最後，當工作做完之後，也透過 unobserve 函式結束對元素的觀察，避免資源的浪費：

```
1.   intersectionObserver.unobserve(loadingElem);
```

完整的程式碼範例如下：

```
1.   const InfiniteScroll = (props) => {
2.     const { onScrollBottom, children } = props;
3.     const loadingRef = useRef();
4.
5.     React.useEffect(() => {
6.       const loadingElem = loadingRef.current;
7.       const intersectionObserver = new IntersectionObserver(
8.         (entries) => {
```

```
9.          if (entries[0].isIntersecting) {
10.            onScrollBottom();
11.          }
12.        }
13.      );
14.      if (loadingElem) {
15.        intersectionObserver.observe(loadingElem, {
16.          threshold: 0.5,
17.        });
18.      }
19.      return () => {
20.        intersectionObserver.unobserve(loadingElem);
21.      };
22.    }, []);
23.
24.    return (
25.      <InfiniteScrollWrapper>
26.        {children}
27.        <Loading ref={loadingRef}>
28.          <StyledCircularProgress />
29.        </Loading>
30.      </InfiniteScrollWrapper>
31.    );
32.  };
```

這個範例我們展示了 Intersection Observer API 實作在 InfiniteScroll 元件上的簡單用法，當然 Intersection Observer API 強大的功能不僅僅於此。這裡開一個頭，提供給讀者參考和研究。原本需要手動透過一些算數來計算滾動條是否達到底部的監聽式方法，換成透過觀察式的方法，利用 Intersection Observer API 一樣也能做到 InfiniteScroll 的效果，語法上更直觀 ，並且效能上更提升。

▌17.5 原始碼及成果展示

https://github.com/TimingJL/13th-ithelp_
custom-react-ui-components/blob/main/src/
components/InfiniteScroll/index.jsx

▲ 圖 17-3 Infinite Scroll 原始碼

https://timingjl.github.io/13th-ithelp_custom-
react-ui-components/?path=/docs/ 數據展示
元件 -infinitescroll--default

▲ 圖 17-4 Infinite Scroll 成果展示

18

導航元件 - Breadcrumb

18.1 元件介紹

Breadcrumb 是一個導航元件，用於顯示當前系統層級結構中的路徑位置，並且點擊路徑能返回之前的頁面。在系統有多個層級架構，並且希望能幫助用戶清楚知道自己目前層級位置，及希望用戶能方便返回上面層級時，能夠使用麵包屑元件。

「麵包屑」這個命名應該是取自格林童話裡面的知名童話故事「糖果屋」，講述漢賽爾與葛麗特兄妹被丟棄在森林中時，希望透過沿路在地上佈置麵包屑能夠幫助他們沿著這些線索找到回家的路。

18.2 參考設計 & 屬性分析

從 MUI 以及 Antd 提供的 Breadcrumb 元件來看，他們都是會提供 Breadcrumbs 的 wrapper 元件以及 item 元件，透過這兩個元件來組成我們所需要的 Breadcrumb。

18.2.1 Custom separator

從 MUI 以及 Antd 在設計上其實還蠻類似的，在 wrapper 元件上提供一個 separator props 來幫助我們客製化 separator，在 wrapper 上提供的好處是，我們不用每增加一個 item 就自己再手動寫一個 separator element，例如下面這樣：

```
1.  <Breadcrumb>
2.    <Item>Material-UI</Item>
3.    <Seperator />
```

```
4.     <Item>Core</Item>
5.     <Seperator />
6.     <Item>Breadcrumb</Item>
7.   </Breadcrumb>
```

而是透過 wrapper 直接在裡面對 children element 做迭代處理,簡化成這樣:

```
1.   <Breadcrumb separator=">">
2.     <Item>Material-UI</Item>
3.     <Item>Core</Item>
4.     <Item>Breadcrumb</Item>
5.   </Breadcrumb>
```

這樣寫起來比較簡潔,減少許多重複的程式碼,而且透過程式自動迭代,免去手動增加會造成的錯誤,例如自己手殘而多加一個或是少加一個。

18.2.2 Breadcrumbs with icons

觀察一下 MUI 給的範例 Breadcrumbs,覺得很有趣的是,Breadcrumb 的 item 都是用既有的 MUI 元件來組成的,例如 `<Link />`、`<Chip />` 都可以當作他的 Breadcrumb item,因此如果需要 item 帶上 icon,透過這些元件也能夠實現,例如:

```
1.   <Breadcrumbs aria-label="breadcrumb">
2.     <Link {...props}>
3.       <HomeIcon className={classes.icon} />
4.       Material-UI
5.     </Link>
6.   </Breadcrumbs>
```

或是

```
1.  <Breadcrumbs aria-label="breadcrumb">
2.    <Chip
3.      label="Home"
4.      icon={<HomeIcon fontSize="small" />}
5.    />
6.  </Breadcrumbs>
```

另外，我們來解析一下 Antd 的帶 icon Breadcrumb，可以發現 `<Breadcrumb.Item />` 本質上就是一個 a tag `<a href="...">`，原生的 a tag 原本就支援我們在其 children 放東西，因此參考他的結構，也是直接放入 svg icon 以及 label text。

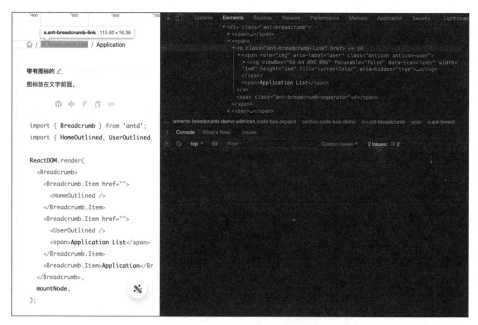

▲ 圖 18-1 Antd Breadcrumb.Item 本質就是一個 a tag

18.2.3 maxItems

有時候路徑很深很多層的時候，Breadcrumbs 會變得很長，或者 Breadcrumbs item 的文字有時候不小心會很長，所以在處理窄螢幕的時候容易會超出寬度，因此 maxItems 這個 props 可以幫助我們縮短 Breadcrumbs。

18.2.4 對於 Breadcrumbs 的想法

其他屬性我覺得還蠻多元的，例如 Antd Breadcrumbs 也支援在裡面放下拉選單，這個我覺得很酷，但我覺得這個屬性也是依照需要加入即可，並不是每個網站都很常需要這個屬性。

再來就是，我們試想看看，假設這個網站很多地方都會需要用到 Breadcrumbs，且在同一個網站上的 Breadcrumbs 會有一致風格的前提之下，若每個地方都用 wrapper 包住 items 這個方式來撰寫 Breadcrumbs 的話，我覺得不是一個很好的方法，一方面是這樣寫真的太冗長，二方面是會需要寫很多重複的結構以及樣式，所以理想上，在同一個網站中，我會希望 wrapper 包住 items 的結構做一次就好，例如在 project 的 components 資料夾下面，我們就放一個自己為這個網站製作的 CustomBreadcrumbs，然後以後需要 Breadcrumbs 的地方，只要將一個物件結構當作 props 傳入就可以了，例如：

```
1.  const routes = [
2.    {
3.      path: '/general',
4.      label: 'General',
5.      icon: <General />
6.    },
7.    {
```

```
8.     path: '/layout',
9.     label: 'Layout',
10.    icon: <Layout />
11.   },
12.   {
13.    path: '/navigation',
14.    label: 'Navigation',
15.    icon: <Navigation />
16.   },
17. ];
18.
19. <CustomBreadcrumbs
20.   routes={routes}
21. />
```

所以假設未來某天我們希望更改這個網站所有 Breadcrumbs 的樣式，就只需要改一個地方就好，因為我們已經統一管理了樣式以及結構，其他地方只有傳資料進來而已。

18.3 介面設計

屬性	說明	類型	預設值
to	跳轉的路徑	string	
label	項目名稱	string	
icon	項目圖示	ReactNode	
separator	分隔符號	ReactNode、string	

18.4 元件實作

18.4.1 元件結構

首先從資料面來看，假設我們希望傳進去的 route 設為下面這樣：

```
1.  const routes = [
2.    {
3.      to: '/home',
4.      label: '首頁',
5.    },
6.    {
7.      to: '/school',
8.      label: '學校列表',
9.    },
10.   {
11.     to: '/members',
12.     label: '會員列表',
13.   },
14.   {
15.     to: '/memberDetail',
16.     label: '會員資料',
17.   },
18. ];
```

我們會希望我們最終可以像這樣使用我們的 route 元件：

```
1.  <Breadcrumb
2.    routes={routes}
3.  />
```

然後就可以產生這樣的效果：

▲ 圖 18-2 Breadcrumb 元件

因此首先，我們要準備一個 `<Breadcrumbs />` 元件，在其中可以迭代上面的 routes 結構：

```
1.  const Breadcrumb = ({ routes }) => (
2.    <Breadcrumbs>
3.      {
4.        routes.map((route) => (
5.          <BreadcrumbItem
6.            key={route.label}
7.            label={route.label}
8.            to={route.to}
9.          />
10.       ))
11.     }
12.   </Breadcrumbs>
13. );
```

但是從上述程式碼當中可以發現，怎麼只有迭代 routes 的內容出來？那中間的 separator 在哪裡呢？相信有讀過前面文章的讀者應該會想到，我們就是用那一千零一招中的那一招，在 `<Breadcrumbs />` 裡面使用 `React.Children.map` 來加工處理，因此 Breadcrumbs 元件會是下面這樣，判斷他是否為最後一個節點，然後在中間插入 separator：

```
1.  <StyledBreadcrumbs>
2.    {
3.      React.Children.map(children, (child, index) => {
```

```
4.        const isLast = index === React.Children.count(children)
          - 1;
5.        return (
6.          <>
7.            {child}
8.            {isLast ? null : <Separator>{separator}</Separator>}
9.          </>
10.        );
11.      })
12.    }
13. </StyledBreadcrumbs>
```

為什麼要這麼麻煩呢？因為我們希望未來可以單獨使用 `<Breadcrumbs />` 這個元件，所以 route 在迭代的時候，不想把 separator 綁死在上面，這樣 的話我們就不用限定 Breadcrumbs 每個 node 中的樣式，甚至未來也可以 替換他，變成這樣：

```
1.  const WithCustomNode = (args) => {
2.    const { routes: withIconRoutes } = args;
3.    return (
4.      <Breadcrumbs>
5.        {
6.          withIconRoutes.map((route) => (
7.            <Chip
8.              key={route.label}
9.              label={route.label}
10.             icon={route.icon}
11.           />
12.         ))
13.       }
14.     </Breadcrumbs>
15.   );
16. };
```

以上述程式碼來説，我們甚至可以把 `<Breadcrumbs />` 包住之前寫的
`<Chip />` 都沒問題。

▲ 圖 18-3 以 Chip 元件當麵包屑

18.4.2 Custom separator

因為 separator 是在 `<Breadcrumbs />` 裡面處理的，所以在把 separator
參數化之後，當然可以隨心所欲的替換 separator，我們的 separtor 可以像
這樣由外面傳入來決定：

```
1.  <Breadcrumb
2.    routes={routes}
3.    separator="/"
4.  />
```

▲ 圖 18-4 以斜線 "/" 作為 seperator

18.4.3 Max items

由於這個 Breadcrumbs 是橫向生長的，所以在窄螢幕的時候很容易因為節
點內文太長而破版。或是階層太深的時候也會容易導致元件太長。因此希
望透過 maxItems 這個參數來幫我們決定到底多少節點之後需要折疊起來：

```
1.  <Breadcrumb
2.    maxItems={2}
3.    separator="/"
4.  />
```

在 <Breadcrumbs /> 裡面，因為我們是拿到上一層已經迭代完的結果，props 是一個 children，所以我們要透過 React.Children.count(children) 這個方法來算出到底有幾個節點。

當節點數目大於 maxItems 的時候，我們就需要把 Breadcrumbs 折疊起來，折疊的方式就是留下頭尾，其他都砍了：

```
1.  const [isCollapse, setIsCollapse] = useState(
2.    maxItems < React.Children.count(children),
3.  );
4.
5.  if (isCollapse) {
6.    return (
7.      <StyledBreadcrumbs>
8.        {children[0]}
9.        <Separator>{separator}</Separator>
10.       <CollapsedContent
11.         role="presentation"
12.         onClick={() => setIsCollapse(false)}
13.       >
14.         ...
15.       </CollapsedContent>
16.       <Separator>{separator}</Separator>
17.       {children[React.Children.count(children) - 1]}
18.     </StyledBreadcrumbs>
19.   );
20. }
```

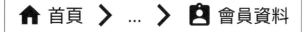

▲ 圖 18-5 摺疊起來的 Breadcrumbs

18.5 原始碼及成果展示

https://github.com/TimingJL/13th-ithelp_
custom-react-ui-components/blob/main/src/
components/Breadcrumb/index.jsx

▲ 圖 18-6 Breadcrumb 原始碼

https://github.com/TimingJL/13th-ithelp_
custom-react-ui-components/blob/main/src/
components/Breadcrumb/Breadcrumbs.jsx

▲ 圖 18-7 Breadcrumbs 原始碼

https://timingjl.github.io/13th-ithelp_
custom-react-ui-components/?path=/docs/
導航元件 -breadcrumb--default

▲ 圖 18-8 Breadcrumb 成果展示

導航元件 - Dropdown

19.1 元件介紹

Dropdown 是一個下拉選單元件，當頁面上的選項過多時，可以用這個元件來收納選項，透過滑鼠事件來觸發選單彈出，點擊選項會執行相對應的命令。

19.2 參考設計 & 屬性分析

19.2.1 使用 Portal

我們來觀察一下 Material-UI 的 Menu 元件以及 Antd 的 Dropdown 元件，可以發現有異曲同工之妙的事是，彈出的視窗在程式碼裡面看起來是寫在觸發按鈕的旁邊，但實際上卻是被 portal 到外面跟 `<div id="root" />` 同一層級，跟我們之前分析過的 Tooltip 是一樣的做法。

▲ 圖 19-1 Mui 在 Dropdown 中使用 portal

▲ 圖 19-2 Antd 在 Dropdown 中使用 portal

19.2.2 結構分析

接著我們來觀察他們的實現方式，以 MUI 來說，下面是他範例的程式碼：

```
1.  export default function MuiMenu() {
2.    const [anchorEl, setAnchorEl] = React.useState(null);
3.
4.    const handleClick = (event) => {
5.      setAnchorEl(event.currentTarget);
6.    };
7.
8.    const handleClose = () => {
9.      setAnchorEl(null);
10.   };
11.
```

```
12.   return (
13.     <div>
14.       <Button aria-controls="simple-menu" aria-haspopup=
                "true" onClick={handleClick}>
15.         MUI Menu dropdown
16.       </Button>
17.       <Menu
18.         id="simple-menu"
19.         anchorEl={anchorEl}
20.         keepMounted
21.         open={Boolean(anchorEl)}
22.         onClose={handleClose}
23.       >
24.         <MenuItem onClick={handleClose}>Profile</MenuItem>
25.         <MenuItem onClick={handleClose}>My account</MenuItem>
26.         <MenuItem onClick={handleClose}>Logout</MenuItem>
27.       </Menu>
28.     </div>
29.   );
30. }
```

把 Menu 透過 portal 的方式 render 到外層的核心方法，從程式碼裡面可以
看出端倪。為了讓 Menu 彈窗可以知道觸發按鈕的位置，這邊的做法是在
觸發按鈕 onClick 的時候把 event.currentTarget 存進 state，並且當作
props 傳入 Menu 的 anchorEl 裡面。因此，Menu 就能夠透過 anchorEl
來取得觸發按鈕的位置並能夠跟他對齊。

接著我們來看一下 Antd Dropdown 的範例程式碼：

```
1.  const menu = (
2.    <Menu>
3.      <Menu.Item key="0">
4.        <a href="https://www.antgroup.com">1st menu item</a>
```

```
5.       </Menu.Item>
6.       <Menu.Item key="1">
7.         <a href="https://www.aliyun.com">2nd menu item</a>
8.       </Menu.Item>
9.       <Menu.Divider />
10.      <Menu.Item key="3">3rd menu item</Menu.Item>
11.   </Menu>
12. );
13.
14. const AntdDropdown = () => {
15.   return (
16.     <Dropdown overlay={menu} trigger={['click']}>
17.       <a className="ant-dropdown-link" onClick={e =>
              e.preventDefault()}>
18.         Antd Dropdown <DownOutlined />
19.       </a>
20.     </Dropdown>
21.   );
22. };
```

在程式碼中我們可以發現，觸發按鈕已經是 Dropdown 的 children element
了，並且要彈出的 menu 也透過 overlay 這個 props 傳進去 Dropdown 這
個元件。

因此，在 Dropdown 這個元件裡面我們已經取得所有需要的資訊，我們可
以直接取得 children element 的所在位置，所以把 menu 元件 portal 到外
層之後，就能夠透過這個位置來找到 children element 並對他對齊定位。

19.2.3 菜單是否顯示

菜單 (menu) 是否顯示通常會用一 boolean 的 props 來決定，MUI 這邊叫做
open，而 Antd 則叫做 visible。

19.2.4 菜單彈出位置

Antd 這邊提供一個屬性 placement 來決定菜單彈出之後要對齊的位置，分別是 `bottomLeft`、`bottomCenter`、`bottomRight`、`topLeft`、`topCenter`、`topRight`。雖然從 Dropdown 這個名稱來看，元件給人的感覺是向下彈出，但是假設我們的菜單在畫面偏下面，彈出的菜單很可能就會超出視窗而無法點擊，同樣的，太右邊或太左邊的彈窗也需要做相對應的對齊才能夠避免超出視窗被遮蓋。

19.2.5 菜單內容

參考 Antd 的介面，overlay 是一個讓我們可以傳入菜單內容的 props，傳入的類型為 ReactNode。我會希望在設計 Dropdown 元件的時候，把 menu 跟彈窗這兩個功能切割開來，也就是我們不特別去限制 Dropdown 的 menu 一定要是什麼，而是希望透過 props 來決定。

實戰經驗分享

如果有常常在使用 Dropdown 就會發現，會用到 Dropdown 的情境會有蠻多的，有些菜單是單選的一層選單，有些會有兩層，有些還會有 input box 在裡面提供你下關鍵字來篩選下面眾多的選項，各式各樣的內容都有，如果我們綁死菜單的樣式在彈窗這個功能上面，那勢必每當菜單有調整的時候，連原本不用動的彈窗功能都要再做一次，所以我自己的經驗會是希望彈窗歸彈窗，內容歸內容，這樣我們就能夠複用彈窗功能來適應不同的菜單選擇內容。

19.2.6 Disabled

有些狀況我們會需要禁用 Dropdown，例如 menu 的內容若是從 API 取得的，那我們有可能會希望完全載入之後再開放讓使用者點開，藉此來避免一些非預期的錯誤。

19.3 介面設計

屬性	說明	類型	預設值
isOpen	是否顯示菜單	boolean	false
isDisabled	是否禁用	boolean	false
children	觸發元件	ReactNode	
overlay	菜單內容	ReactNode	
placement	菜單彈出位置	bottomLeft、bottomCenter、bottomRight、topLeft、topCenter、topRight	bottomCenter

19.4 元件實作

19.4.1 元件結構

我們直接來看 Dropdown 元件的用法：

```
1.  const DropdownDemo = () => {
2.    const [isOpen, setIsOpen] = useState(false);
3.    return (
4.      <Dropdown
```

```
5.        isOpen={isOpen}
6.        onClick={() => setIsOpen(true)}
7.        onClose={() => setIsOpen(false)}
8.        overlay={(
9.          <div>menu</div>
10.        )}
11.    >
12.      <Button
13.        style={{ borderRadius: 4 }}
14.        variant="outlined"
15.      >
16.        Dropdown
17.      </Button>
18.    </Dropdown>
19.  );
20. };
```

children 可以是一個 React element，這樣我們就能夠讓各種元件上面都可以 dropdown。

overlay 則是彈出菜單的內容，也是一個 React element。

然後彈出的控制項目 isOpen、onClick、onClose 則由外部來控制，這樣就是 Dropdown 元件大致上的介面雛形。

▲ 圖 19-3 簡單的 Dropdown 元件雛形

19.4.2 彈出菜單

要讓 Dropdown 彈出菜單，這樣的功能是不是很眼熟呢？沒錯，其實我們幾乎是可以用先前提到的 Tooltip 原理來實作。

下面是 Dropdown 實作的長相，其實跟 Tooltip 幾乎是 87% 像：

```
1.  <>
2.    <span
3.      role="presentation"
4.      ref={childrenRef}
5.      data-dropdown-id="dropdown"
6.      onClick={onClick}
7.    >
8.      {children}
9.    </span>
10.   <Portal>
11.     <OverlayWrapper
12.       data-dropdown-id="dropdown"
13.       $isOpen={isOpen}
14.       $position={position}
15.       $placement={placement}
16.       $childrenSize={childrenSize}
17.       $gap={12}
18.     >
19.       {overlay}
20.     </OverlayWrapper>
21.   </Portal>
22. </>
```

我們一樣用自製的 <Portal /> 把菜單渲染到父層上面，然後跟 Tooltip 篇一樣的做法，我們能夠決定菜單彈出的位置，一樣是用 placement 這個 props，傳入的值也是一樣的，有 12 種位置選項：

```
'top', 'top-left', 'top-right',
'bottom', 'bottom-left', 'bottom-right',
'left-top', 'left', 'left-bottom',
'right-top', 'right', 'right-bottom',
```

這邊隨意挑出三種位置來展示，一樣的做法就不再重複說明，可以直接看程式碼以及先前的 Tooltip 篇的介紹：

▲ 圖 19-4　彈出菜單的位置

今天最主要想要跟大家分享的是點擊 children 可以彈出視窗，點擊 children 以及菜單以外的部分會關閉菜單的做法。

開啟菜單的點擊事件，就是對 children 使用 onClick 事件的觸發，onClick 觸發的時候就開啟菜單。

再來就是這次的關鍵步驟，在點擊 Dropdown 範圍以外的地方要關閉菜單。

首先我們要對這個畫面設置監聽點擊的事件：

```
1.  useEffect(() => {
2.    document.addEventListener('click', handleOnClick);
3.    return () => {
4.      document.removeEventListener('click', handleOnClick);
5.    };
6.  }, [handleOnClick]);
```

在點擊的時候我們要知道點擊的地方是不是 Dropdown 的範圍，所以我使用的方法就是在 children 以及 overlay 上面綁定 data-* attribute，當作一個標記，我這邊先簡單做，給他一個 data-dropdown-id="dropdown"。

```
1.  <>
2.    <span
3.      {...省略其他 props}
4.      data-dropdown-id="dropdown"
5.      onClick={onClick}
6.    >
7.      {children}
8.    </span>
9.    <Portal>
10.     <OverlayWrapper
11.       {...省略其他 props}
12.       data-dropdown-id="dropdown"
13.     >
14.       {overlay}
15.     </OverlayWrapper>
16.   </Portal>
17. </>
```

所以我在點擊的時候，我只要去檢查我點擊的元件上面有沒有這個 data atrribute，就能夠知道我是不是點擊在 Dropdown 範圍內了：

```
1.  const handleOnClick = useCallback((event) => {
2.    const dropdownId = findAttributeInEvent(event, 'data-
        dropdown-id');
3.    if (!dropdownId) {
4.      onClose();
5.    }
6.  }, [onClose]);
```

```
1.  const findAttributeInEvent = (event, attr) => {
2.    const end = event.currentTarget;
3.
```

```
4.    let temp = event.target;
5.    let dataId = temp.getAttribute(attr);
6.
7.    while (temp !== end && !dataId) {
8.      temp = temp.parentElement;
9.      if (temp === null) {
10.       break;
11.     }
12.     dataId = temp.getAttribute(attr);
13.   }
14.   return dataId;
15. };
```

到目前為止，Dropdown 功能已經有了。下一篇我們會來介紹 Select，會使用今天實作的 Dropdown 元件來實現，讓我們的 Dropdown 可以應用在選單上！

19.5 原始碼及成果展示

https://github.com/TimingJL/13th-ithelp_custom-react-ui-components/blob/main/src/components/Dropdown/index.jsx

▲ 圖 19-5 Dropdown 原始碼

https://timingjl.github.io/13th-ithelp_custom-react-ui-components/?path=/docs/ 導航元件 -dropdown--default

▲ 圖 19-6 Dropdown 成果展示

20

導航元件 - Select

20.1 元件介紹

Select 是一個下拉選擇器。觸發時能夠彈出一個菜單讓用戶選擇操作。

這個元件底層就能夠使用上一篇所提到的 Dropdown 來實作。

20.2 參考設計 & 屬性分析

20.2.1 選項

options 是選單的 list，選單中每一個選項我們用 `{ label, value }` 來表示，為何需要兩個值來表達一個欄位呢？原因是因為，我們可能會遇到顯示的 label 跟選取所需要的 value 不一樣的狀況，舉例來說，假設今天有一個評論管理列表，透過 Select 可以篩選不同星等的留言，從一星留言到五星留言，我們的選項當然可以用 `1, 2, 3, 4, 5` 來表示，但是假設今天設計師與 PM 討論出來的選項是 1, 2, 3, 4, 5 全部星等，你絕對沒有看錯，所有都是數字類別的選項今天在最後面突然出現一個非數字選項，遇到這樣的狀況，你的畫面應該如何處理？而且你打 API 的時候應該送什麼資料給後端？

除了這個特別的狀況之外，還有一些比較常見的例子，例如說我要透過 Select 篩選商品的類別，有 3C 商品、彩妝、運動、保健、親子 ... 等等類別。要顯示給使用者看的資料，跟實際上儲存在資料庫裡面或拿來做運算的資料，通常不會是我們所看到的這些中文字。另一方面，若又考慮到多國語言的處理，我們勢必又有更強烈的理由將一個選項切分為 label 以及 value。

20.2.2 value

用來指定當前被選中的項目。

特別提一下這個屬性,因為在設計哪個選項被選中的資料表示法,看過有人設計成在每個選項裡面加一個 `isSelected` 的 boolean,所以 option 的內容變成 `{ label, value, isSelected }`。但其實我自己是不太偏好這樣的設計,因為這樣會讓每一個 option 都多一個參數,讓 option 複雜化。用 `<Select value={value} options={options} />` 其實就充分可以做到同樣的事,即使可能想要表達一次多個選項被選擇,也只要讓 value 可以支援 array 就可以了。

▌20.3 介面設計

屬性	說明	類型	預設值
options	選項內容	{ label, value }[]	
isLoading	資料是否正在載入中	boolean	false
isDisabled	是否禁用下拉選單	boolean	false
value	用來指定當前被選中的項目	string	
placeholder	未選擇任何選項時顯示的 title	string	
onSelect	當選項被選中時會被調用	(value) => void	

20.4 元件實作

20.4.1 元件結構

以下就是我最終期待的 Select 使用起來的樣子，我們只需要給定 選項、選中的值、`placeholder`、`onSelect` 就可以了：

```
1.  const options = [
2.    {
3.      label: '我全都要',
4.      value: 'all'
5.    },
6.    {
7.      label: 'AZ 疫苗',
8.      value: 'AZ'
9.    },
10.   {
11.     label: 'BNT 疫苗',
12.     value: 'BNT'
13.   },
14.   {
15.     label: '莫德納疫苗',
16.     value: 'Moderna'
17.   },
18.   {
19.     label: '高端疫苗',
20.     value: 'Vaccine'
21.   }
22. ];
23.
24. const [selectedValue, setSelectedValue] = useState('');
25.
26. <Select
27.   value={selectedValue}
28.   options={options}
```

```
29.    placeholder="請選擇預約疫苗"
30.    onSelect={(value) => setSelectedValue(value)}
31. />
```

如果他是載入中的話，我們就把 ArrowIcon 換成 Loading Icon：

▲ 圖 20-1 Select 元件   ▲ 圖 20-2 Select 元件載入中狀態

20.4.2 Disable

我們可以看到上面的 Loading 狀態還加上了 disable 狀態的樣式，因為我們不希望選單在資料還沒被載入完成的狀態下就被展開。

Disable 也是很單純，主要處理兩個部分，一個是樣式，一個是事件。

事件的部分，我們就是用 isDisabled 這個 boolean 讓觸發事件無效化就可以了：

```
1.    onClick={() => ((isDisabled || isLoading) ? null :
                    setIsOpen(true))}
```

樣式的部分，我們一樣把 enable 和 disable 兩個樣式分別獨立出來，然後也是用 boolean 來判斷就可以：

```
1.    const selectBoxEnable = css`
2.      color: #333;
3.      &:hover {
```

```
4.      border: 1px solid #222;
5.    }
6.  `;
7.
8.  const selectBoxDisable = css`
9.    background: #f5f5f5;
10.   color: #00000040;
11.  `;
12.
13. const SelectBox = styled.div`
14.   // ...(省略其他樣式)
15.   ${(props) => (props.$isDisabled ? selectBoxDisable :
                   selectBoxEnable)}
16.  `;
```

在 Dropdown 的幫助之下，我們的 Select 元件就順利搞定啦！

▌20.5 原始碼及成果展示

https://github.com/TimingJL/13th-ithelp_
custom-react-ui-components/blob/main/src/
components/Select/index.jsx

▲ 圖 20-3 Select 原始碼

https://timingjl.github.io/13th-ithelp_custom-
react-ui-components/?path=/docs/ 導航元
件 -select--default

▲ 圖 20-4 Select 成果展示

21

導航元件 - Drawer

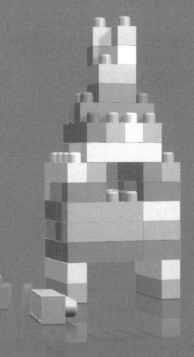

■ 21.1 元件介紹

`Drawer` 抽屜元件，由螢幕邊緣滑出的浮動面版，常見的應用是作為導航用途，例如 Navigation drawers。

■ 21.2 參考設計 & 屬性分析

21.2.1 使用 Portal

我們一樣偷偷打開「檢視網頁原始碼」工具來偷看一下 Antd Drawer 及 MUI Drawer 的 DOM 結構，是不是再次感受到熟悉的感覺？想想我們之前提過的 Tooltip 以及 Dropdown，不出所料的，這次的 Drawer 一樣採用 Portal 的做法，把 Drawer 渲染到外面跟 `<div id="root" />` 在同一層。

▲ 圖 21-1 Mui 在 Drawer 中使用 portal

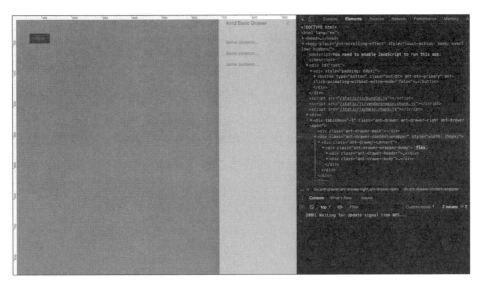

▲ 圖 21-2 Antd 在 Drawer 中使用 portal

而且有一件事讓我覺得特別厲害，就是當 Drawer 消失的時候，他會同時把 DOM 裡面剛剛被 Portal 出來的東西清掉。

如果第一次看到這個，沒有動手實作過的朋友，可能很難感受到他的厲害，我們仔細想想看他的行為，這裡其實並不是直接找到那個節點的位置單純的把它拿掉這麼簡單而已，你有沒有注意到 Drawer 關閉的時候，他是先有一個「抽屜滑動收回」的動畫，以及「灰色全屏淡出」的動畫之後，DOM 的節點才被拿掉呢？

如果只是用一個 boolean 來控制，那當 open 這個 props 瞬間被轉換成 false 的時候，我們還沒見到「抽屜滑動收回」的動畫以及「灰色全屏淡出」的動畫，這個抽屜就會「啪」一下消失了，畫面會看起來就不那麼滑順，程式碼示意如下：

```
1.  const Drawer = ({ open }) => {
2.    return open && (
```

```
3.      <DrawerContainer>
4.        {content}
5.      </DrawerContainer>
6.    );
7.  };
```

所以，有時候我們乍看之下很自然、很簡單的東西，仔細觀察之後會發現其實有很多巧思在其中，瞭解他的巧思之後，不禁會對這個元件設計的用心敬畏三分。

21.2.2　自定義位置

自定義位置可以決定抽屜要由畫面的上、右、下、左滑出，要留意抽屜從不同方位滑出，除了要處理動畫的過場行為不同，排版也會有所影響，例如從上、下滑出的抽屜是寬大於高，從左、右滑出的抽屜是寬小於高，但考慮到手機窄螢幕的狀況，由上、下滑出的抽屜，也是有可能寬小於高，因此在處理不同尺寸的切版時這部分可能會需要特別留意。

在這邊決定滑出方向的屬性，Antd 中是使用一貫的命名參數 placement，而 MUI 則是使用 anchor，雖然 props 的名稱不同，但是傳入的參數很類似，都是 top、right、bottom、left。

21.2.3　抽屜內容

抽屜的內容按照不同的需求，能夠呈現的形式也是五花八門，因此跟Dropdown 元件一樣，我個人不太建議把內容寫死，例如只能用固定格式的 props 來產生固定樣式的內容。而是希望 Drawer 的滑出滑入行為跟內容獨立開來，Drawer 就是單純一個容器，而內容若需要固定格式的 props 來產生固定樣式，就建議另外做個元件，獨立處理內容的部分，之後再塞入Drawer 這個容器中。

21.3 介面設計

屬性	說明	類型	預設值
isOpen	抽屜是否顯示	boolean	false
placement	抽屜的方向	top、right、bottom、left	left
animationDuration	定義動畫完成一次週期的時間 (ms)	number	200
children	抽屜的內容	ReactNode	
onClose	觸發抽屜關閉	function	

21.4 元件實作

21.4.1 元件結構

假設抽屜元件已經被做好，我們期待抽屜元件的使用介面能夠如下面的範例一樣，需要有一個按鈕來觸發抽屜的開啟，然後抽屜元件上的 props 也很單純，就是一個開關的 isOpen，然後控制關閉的 onClose function，最後 children 放置抽屜的內容：

```
1.  const DrawerDemo = () => {
2.    const [isOpen, setIsOpen] = useState(false);
3.
4.    return (
5.      <>
6.        <Button variant="outlined" onClick={() =>
             setIsOpen(true)}>Open Drawer</Button>
7.        <Drawer
```

```
8.              isOpen={isOpen}
9.              onClose={() => setIsOpen(false)}
10.         >
11.             <div style={{ width: 300 }}>Drawer content</div>
12.         </Drawer>
13.     </>
14.   );
15. };
```

這樣的話我們就會有如下的一個簡單抽屜：

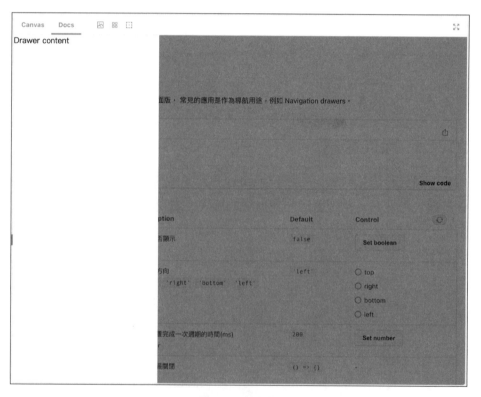

▲ 圖 21-3 簡單抽屜

我們來看一下程式碼的結構：

```
1.  <Portal>
2.    <Mask
3.      $isOpen={isOpen}
4.      $animationDuration={animationDuration}
5.      onClick={onClose}
6.    />
7.    <DrawerWrapper
8.      $isOpen={isOpen}
9.      $placement={placement}
10.     $animationDuration={animationDuration}
11.   >
12.     {children}
13.   </DrawerWrapper>
14. </Portal>
```

我們一樣用 Portal 把內容渲染到父層結構上面去，用來簡化圖層的 stacking context。

再來我們可以看到裡面有主要兩個元件：

1. 遮罩 mask
2. 抽屜本身

21.4.2 抽屜遮罩

在遮罩上面我們要做幾件事：

1. 遮罩的垂直圖層位置位於原本畫面與抽屜內容中間，這樣他可以遮住原本的畫面，讓抽屜內容在視覺上顯得顯眼。
2. 點擊遮罩的時候需要觸發抽屜的 onClose 事件，要關閉抽屜。
3. 開啟抽屜時，遮罩要有淡入動畫；關閉抽屜時，遮罩要有淡出動畫首先第一件事，遮罩的垂直圖層位置，遮罩的 position 我是設為 `fixed`，因為只是設為 `position: absoltue;` 的話，如果被遮住的內容是可以 scroll 的，這樣遮罩就不會跟著移動，會像是這樣：

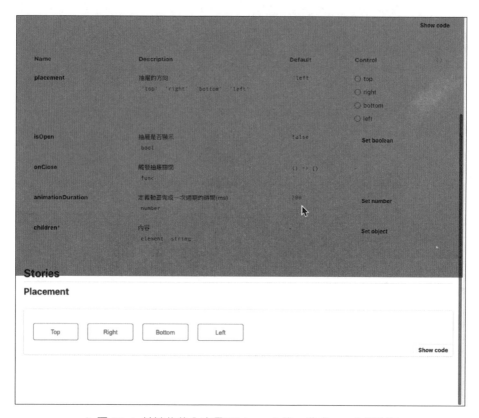

▲ 圖 21-4 被遮住的內容是可以 scroll 的，造成 scroll 後破版

因為已經被設為 `position: fixed;`，所以圖層位置用 `z-index` 來調整就可以了。

第二，點擊遮罩要能關閉抽屜

我們只需要在遮罩上面綁定一個 onClick 事件，讓他觸發 onClose 就可以了，這題很簡單。

```
1. <Mask
2.   ...(略)
3.   onClick={onClose}
4. />
```

第三，開關抽屜時，Mask 要有淡入淡出動畫

這邊我是使用 styled-components 的 `keyframes` 來定義我的動畫效果：

們只需要在遮罩上面綁定一個 onClick 事件，讓他觸發 onClose 就可以了，這題很簡單。

```
1.  import styled, { keyframes } from 'styled-components';
2.
3.  const hideMask = keyframes`
4.    0% {
5.      opacity: 1;
6.    }
7.    100% {
8.      opacity: 0;
9.    }
10. `;
11.
12. const showMask = keyframes`
13.   0% {
14.     opacity: 0;
15.   }
16.   100% {
17.     opacity: 1;
18.   }
19. `;
```

定義完淡入淡出動畫的關鍵影格動畫之後，就依照是否打開抽屜 isOpen 這個 props 來決定要播放哪一個動畫：

```
1.   const Mask = styled.div`
2.     {...略}
3.     animation: ${(props) => (props.$isOpen ? showMask :
          hideMask)} 200ms ease-in-out forwards;
4.   `;
```

特別提一下我在 animation 尾部放入 `forwards`，這是一個名為 `animation-fill-mode` 的 css 屬性，指的是動畫執行的前或後應該如何呈現樣式。

我給他 `forwards` 表示我希望動畫執行結束之後，樣式會停留在結束時的狀態，而不是動畫開始時的狀態。

21.4.3 抽屜滑出效果

抽屜滑出效果，預設打開是從左邊滑出來，關閉時從左邊收回去，因此我們以這個範例來說明。

跟我這系列其他篇章一樣，我用一樣的手法，給定一個 placement 的時候，會顯示對應的樣式：

```
1.   const placementMap = {
2.     top: topStyle,
3.     right: rightStyle,
4.     bottom: bottomStyle,
5.     left: leftStyle,
6.   };
7.
8.   const DrawerWrapper = styled.div`
9.     {...略}
10.    ${(props) => placementMap[props.$placement] ||
          placementMap.left}
11.  `;
```

跟前面提到的 mask 很雷同，在 left 樣式當中，會根據 isOpen 這個 boolean props 來顯示要播放滑出還是收回的動畫，動畫也是用 styled-components 的關鍵影格 `keyframes` 來定義，我們讓動畫滑出滑入的參數很簡單，只有用 `left` 這個屬性而已：

```
1.   const leftShowDrawer = keyframes`
2.     0% {
3.       left: -100%;
4.     }
5.     100% {
6.       left: 0%;
7.     }
8.   `;
9.
10.  const leftHideDrawer = keyframes`
11.    0% {
12.      left: 0%;
13.    }
14.    100% {
15.      left: -100%;
16.    }
17.  `;
18.
19.  const leftStyle = css`
20.    top: 0px;
21.    left: 0px;
22.    height: 100vh;
23.    animation: ${(props) => (props.$isOpen ? leftShowDrawer :
       leftHideDrawer)} 200ms ease-in-out forwards;
24.  `;
```

其他 placement 可以依此類推，詳細的內容我有附在程式碼當中供大家參考，到目前為止我們就已經能夠做出一個有模有樣的滑出滑入抽屜啦！

21.4.4 滑出之後讓元件消失

最後我們稍微優化一下，這個沒有做其實不太會影響到功能，但有做的話
應該會好棒棒！

我的核心想法是說，因為我需要在播放完動畫完才把抽屜元件的
DOM 移除掉，所以必須要先參數化動畫播放的時間，我把它叫做
animationDuration，預設值為 200ms。

所以不管是 Mask 淡入淡出動畫，或是抽屜滑出滑入的動畫，動畫持續時
間都是用 animationDuration 來帶入，然後等動畫播放完畢之後，我把
DOM 移除掉，那這個時間點我就把動畫持續時間加上 100ms，也就是說，
在播放完收合動畫之後的 100ms 我要移除這個元件。

我的程式碼簡化示意如下：

```
1.  const Drawer = ({
2.    children, isOpen, placement, onClose,
3.    animationDuration,
4.  }) => {
5.    const [removeDOM, setRemoveDOM] = useState(!isOpen);
6.
7.    useEffect(() => {
8.      if (isOpen) {
9.        setRemoveDOM(false);
10.     } else {
11.       setTimeout(() => {
12.         setRemoveDOM(true);
13.       }, (animationDuration + 100));
14.     }
15.   }, [animationDuration, isOpen]);
16.
```

```
17.    return !removeDOM && (
18.      <Portal>
19.        <Mask ... />
20.        <DrawerWrapper ... />
21.      </Portal>
22.    );
23.  };
```

我另外用一個 `removeDOM` 的 boolean 來決定是否在 DOM 裡面塞入抽屜元件，當抽屜被打開的時候，因為是節點被塞入 DOM 才開始播放動畫，所以這裡 `setRemoveDOM(false);` 可以讓他立即執行。

然後當抽屜關閉的時候，需要等待動畫播放完之後再移除，所以透過 `setTimeout` 來實現。

附註說明一下，我們的 `<Portal />` 元件裡面，我有做一些小修改，讓這個元件在被移除之前 (unmount)，要先移除 Portal 的根節點，這是跟之前篇章有點差異的地方：

```
1.  // src/components/Portal/index.jsx
2.
3.  useEffect(() => () => {
4.    portalRoot.parentElement.removeChild(portalRoot);
5.  }, [portalRoot]);
```

▌21.5 原始碼及成果展示

https://github.com/TimingJL/13th-ithelp_
custom-react-ui-components/blob/main/src/
components/Drawer/index.jsx

▲ 圖 21-5 Drawer 原始碼

https://timingjl.github.io/13th-ithelp_custom-
react-ui-components/?path=/docs/ 導航元
件 -drawer--default

▲ 圖 21-6 Drawer 成果展示

22

導航元件 - Tabs

22.1 元件介紹

Tabs 是一個選項卡切換元件，能夠在同一層級的內容組別當中導航、切換。此元件由兩個部分構成，一個是讓使用者點擊的導覽頁籤 Tab，一個是對應的內容 TabPanel。通常使用於同一層級的內容之間互相切換、導航。

22.2 參考設計 & 屬性分析

22.2.1 比較 Antd 和 Mui 的使用方式

Antd Tabs：

```
1.   const AntdTabs = () => (
2.     <Tabs defaultActiveKey="1" onChange={callback}>
3.       <TabPane tab="Tab 1" key="1">
4.         Content of Tab Pane 1
5.       </TabPane>
6.       <TabPane tab="Tab 2" key="2">
7.         Content of Tab Pane 2
8.       </TabPane>
9.       <TabPane tab="Tab 3" key="3">
10.        Content of Tab Pane 3
11.      </TabPane>
12.    </Tabs>
13.  );
```

MUI Tabs：

```
1.   const MuiTabs = () => (
2.     <AppBar position="static">
3.       <Tabs value={value} onChange={handleChange} aria-label=
            "simple tabs example">
4.         <Tab label="Item One" {...allyProps(0)} />
5.         <Tab label="Item Two" {...allyProps(1)} />
```

```
6.          <Tab label="Item Three" {...a11yProps(2)} />
7.       </Tabs>
8.     </AppBar>
9.     <TabPanel value={value} index={0}>
10.      Item One
11.    </TabPanel>
12.    <TabPanel value={value} index={1}>
13.      Item Two
14.    </TabPanel>
15.    <TabPanel value={value} index={2}>
16.      Item Three
17.    </TabPanel>
18. );
```

從上面的程式碼我們可以發現一些相似之處，也有相異之處。

相似之處是在於導覽列的結構很相似，都是用一個 Tabs 的 wrapper 將 Tab 包覆起來，用 Tab 來處理 label 顯示的內容，Tabs 則統一來處理 onChange 事件，onChange 之後會決定 active 的 Tab 是誰，再按照 Tab 上的 key 來顯示 active 的樣式，這樣的好處就是我們不用一一在每個 Tab 上面處理 onChange 事件，可以把共同的部分往外一層抽出。

相異之處則是在於 TabPanel 的處理，Antd 是由同一個元件來處理 Tab 以及 Panel，這個元件它命名為 TabPane。

TabPane 當中，props tab 用來傳入 Tab 要顯示的內容，型別是 ReactNode，因此要放一個 icon 進去 Tab 的內容也是做得到；再來是 key 這個 props，用來識別 Tab 是否被選取。然後 TabPane 的內容則由 children 傳入。

MUI 則是將導覽列及內容拆成兩個元件，分別是 Tab 以及 TabPanel，Tab 的內容用 label 這個 props 來處理，一樣可以支援 ReactNode 型別，但是 icon 有獨立的 props 介面來處理；value 這個參數則是跟 Antd 的 key 一樣，用來識別是否是 active 狀態。Tab 跟 TabPanel 拆開來處理有一個好處就是讓 Tab 的導覽列可以獨立出來，假設我們今天 TabPanel 呈現的方式跟預設不一樣，可能今天要有一個 Tab 導覽列搭配 Smooth Scrolling 的單頁式設計，那這樣同樣的 Tab 元件也可以拿來使用。

22.2.2 Indicator

為了表示哪個 Tab 為 active，在 Tab 下方通常有一橫條稱為 indicator 來幫助識別。

簡單的做法可以用 Tab 的 border-bottom 來做，這樣只需要一個 boolean 來決定是否有 border-bottom 的樣式就可以了：

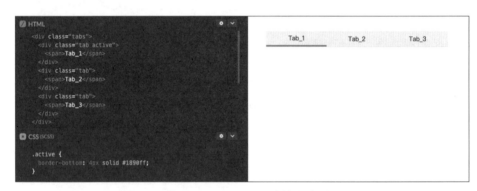

▲ 圖 22-1 使用 border-bottom 來簡單實現 indicator

但是我們看到 MUI 及 Antd 的 indicator 都很華麗，會有一個底部的滑動動畫來過場，要做到這樣的效果，勢必用上述的結構必定是做不到，那該怎麼樣才能做到這樣的效果呢？我們偷偷打開檢視原始碼，來瞧瞧他的眉角：

▲ 圖 22-2 檢視 MUI 中實現 indicator 的原始碼

透過觀察 MUI Tab，我們簡化他的結構如下：

```
1.  .scroller {
2.    position: relative;
3.  }
4.
5.  .indicator {
6.    position: absolute;
7.    bottom: 0px;
8.    height: 2px;
9.    transition: all 300ms cubic-bezier(0.4, 0, 0.2, 1) 0ms;
10. }
```

```
1.  <TabsScrollerWrapper className="scroller">
2.    <Tabs>
3.      <Tab />
4.      <Tab />
5.      <Tab />
6.    </Tabs>
7.    <span
8.      className="indicator"
9.      style="left: 0px; width: 160px;"
10.   >
11.   </span>
12. </TabsScrollerWrapper>
```

透過上述的結構我們可以知道，將 TabsScrollWrapper 設為 `position: relative;` 並且將 indicator 設為 `position: absolute;`，這樣 indicator 就能夠以 TabsScrollWrapper 為基準做絕對定位。

此時，我們將 Tabs 跟 indicator 一樣都放在 TabsScrollWrapper 下的同一層，當 active tab 改變時，我們即時計算出 active tab 的位置，並透過改變 indicator 的 css left 屬性來跟 active tab 對齊，搭配 css transition 就能夠做到在底部滑動的效果。

22.3 介面設計

屬性	說明	類型	預設值
className	客製化樣式	string	
themeColor	主題配色	**primary、secondary、色票**	primary
options	Tabs 選項內容	{ label, value }[]	
value	用來指定當前被選中的 Tab 項目	string	
onChange	當 Tab 選項被選中時會被調用	(value) => void	

22.4 元件實作

22.4.1 元件結構

今天我們要來做一個如下使用方式的 Tabs：

```
1.   const StyledTabs = styled(Tabs)`
2.     border-bottom: 1px solid #EEE;
3.   `;
4.
5.   const tabOptions = [
6.     {
7.       value: 'item-one',
8.       label: 'ITEM ONE',
9.     },
10.    {
11.      value: 'item-two',
12.      label: 'ITEM TWO',
13.    },
```

```
14.   {
15.     value: 'item-three',
16.     label: 'ITEM THREE',
17.   },
18.   {
19.     value: 'item-four',
20.     label: 'ITEM FOUR',
21.   },
22. ];
23.
24.
25. const TabsDemo = () => {
26.   const [selectedValue, setSelectedValue] =
          useState(tabOptions[0].value);
27.   return (
28.     <>
29.       <StyledTabs
30.         value={selectedValue}
31.         options={tabOptions}
32.         onChange={(value) => setSelectedValue(value)}
33.       />
34.       <TabPanel>
35.         {`TabPanel of #${selectedValue}`}
36.       </TabPanel>
37.     </>
38.   );
39. };
```

其實整體使用方式跟前幾篇的 Select 有 87 分像，我們只需要給定三個 props，包含選中的項目、選項內容、被選中時調用的 onChange。

因為我們已經可以透過 onChange 來拿到被選中的項目，因此 TabPanel 就能夠很自由的來切換。

我們來看一下 Tabs 的內部，結構上我也是以 TabGroup 來包住每一個 Tab 項目，其實跟之前在處理 RadioGroup 是很類似的：

```
1.  const Tabs = ({
2.    className,
3.    themeColor,
4.    value, options, onChange,
5.  }) => {
6.    const { makeColor } = useColor();
7.    const color = makeColor({ themeColor });
8.
9.    return (
10.     <TabGroup
11.       className={className}
12.       onChange={onChange}
13.       value={value}
14.       color={color}
15.     >
16.       {
17.         options.map((option) => (
18.           <Tab
19.             key={option.value}
20.             label={option.label}
21.             value={option.value}
22.           />
23.         ))
24.       }
25.     </TabGroup>
26.   );
27. };
```

22.4.2 Tab 點擊及選取

TabGroup 裡面的 children，我們就是用 options 把 Tab 的選項都迭代出來，至於其他的樣式以及選取控制等等，都在 TabGroup 裡面處理。

我們來看一下 TabGroup 處理選項被選中的地方：

```
1.   <StyledTabGroup ref={tabGroupRef} className="tab__tab-group">
2.     {React.Children.map(children, (child, tabIndex) => (
3.       React.cloneElement(child, {
4.         onClick: () => handleClickTab({
5.           tabValue: child.props.value,
6.           tabIndex,
7.         }),
8.         isActive: child.props.value === value,
9.         color,
10.      })
11.    ))}
12.  </StyledTabGroup>
```

看起來有點複雜，但希望藉由我的說明可以讓他簡單一點。

最主要的目的我們是希望能夠在每一個 Tab 上面做兩件事，一個是綁定點擊事件，一個是標示哪個選項目前被選中。

因為我們知道在 TabGroup 下面的 Tab 若被展開來是長這樣：

```
1.   <TabGroup
2.     className={className}
3.     onChange={onChange}
4.     value={value}
5.     color={color}
6.   >
7.     <Tab key={option[0].value} label={option[0].label}
          value={option[0].value} />
8.     <Tab key={option[1].value} label={option[1].label}
          value={option[1].value} />
9.     <Tab key={option[2].value} label={option[2].label}
          value={option[2].value} />
```

```
10.    <Tab key={option[3].value} label={option[3].label}
           value={option[3].value} />
11. </TabGroup>
```

所以在上面程式碼中，我們知道 children 就是一個 `array of <Tab />`，因此透過 `React.Children.map` 的幫助，把裡面每一個 Tab 迭代出來，也就是 `child`。

在 child 上面，我們要綁定「點擊事件」以及「標示是否選取」，所以希望透過 `React.cloneElement` 來幫我們做到這件事。

因為在 Tab 上面綁定了 onClick 事件，我們就能夠透過 onChange 來拿到被選取的 Tab 的 value 及 tabIndex，也能夠藉此來標示哪個 Tab 是被選取的了。

```
1.   const handleClickTab = ({ tabValue, tabIndex }) => {
2.     onChange(tabValue);
3.     setActiveIndex(tabIndex);
4.   };
```

22.4.3 可滑動的 Indicator

再來我們要來講可滑動的 Indicator，如果只是顯示一個沒有滑動動畫的 Indicator，其實也很簡單，就是透過被選取的 tabIndex 來標示哪個 Tab 下面有 border-bottom 就可以了，一個 boolean 就搞定。

下面我們想做到的可滑動 Indicator 的架構，架構跟先前分析講的是一樣的，如下：

```
1.   <TabsScrollerWrapper className={className} {...props}>
2.     <StyledTabGroup ref={tabGroupRef} className="tab__tab-
         group">
3.       {React.Children.map(children, (child, tabIndex) => (
```

```
4.        React.cloneElement(child, {
5.          onClick: () => handleClickTab({
6.            tabValue: child.props.value,
7.            tabIndex,
8.          }),
9.          isActive: child.props.value === value,
10.         color,
11.       })
12.     ))}
13.   </StyledTabGroup>
14.   <Indicator
15.     $left={tabAttrList[activeIndex]?.left || 0}
16.     $width={tabAttrList[activeIndex]?.width || 0}
17.     $color={color}
18.   />
19. </TabsScrollerWrapper>
```

`<Indicator />` 跟 `<StyledTabGroup />` 是在同一層，因為這樣才有辦法在 TabGroup 下面滑來滑去。

再來我們看到 Indicator 有傳入兩個 props，一個是 left，一個是 width。

left 是表示 Indicator 的位置，是相對於 `<TabsScrollerWrapper />` 的距離，並且用 left 是希望我們能夠對他做 transition 過場動畫。

然後 width 就是 Tab 的寬度，因為難保 Tab 總是會一樣寬。

取得 left 以及 width 之後，Indicator 裡面的 style 就簡單了：

```
1. const Indicator = styled.div`
2.   position: absolute;
3.   bottom: 0px;
4.   left: ${(props) => props.$left}px;
5.   height: 2px;
```

```
6.    width: ${(props) => props.$width}px;
7.    background: ${(props) => props.$color};
8.    transition: all 200ms cubic-bezier(0.4, 0, 0.2, 1) 0ms;
9.  `;
```

到目前為止我們已經知道 Indicator 的概念，那接下來的問題就是，該怎麼取得 left 以及 width 呢？

left 和 width 其實就是要拿到 active Tab 的 left 以及 width。

因為我們知道 TabGroup 的 children 就是 `array of Tab`，所以我採用的方法是對 TabGroup 使用 `useRef` 這個 hook，藉由他來取得 Tab。

```
1.  const [tabAttrList, setTabAttrList] = useState([]);
2.
3.  const handleUpdateTabAttr = useCallback(() => {
4.    const tabGroupCurrent = tabGroupRef.current;
5.    const tabNumber = React.Children.count(children);
6.
7.    setTabAttrList(
8.      [...Array(tabNumber).keys()]
9.        .map((tabIndex) => ({
10.          width: tabGroupCurrent.children[tabIndex].offsetWidth,
11.          left: tabGroupCurrent.children[tabIndex].offsetLeft,
12.        })),
13.    );
14.  }, [children]);
15.
16.
17.  useEffect(() => {
18.    handleUpdateTabAttr();
19.    window.addEventListener('resize', handleUpdateTabAttr);
20.    return () => {
21.      window.removeEventListener('resize', handleUpdateTabAttr);
```

```
22.   };
23. }, [handleUpdateTabAttr]);
24.
25.
26. <StyledTabGroup ref={tabGroupRef} className="tab__tab-group">
27.   {...array of Tab...}
28. </StyledTabGroup>
```

透過上面程式碼可以知道，在 did mount 的時候，還有 window resize 的時候會執行 `handleUpdateTabAttr` 來更新。

我們來看 handleUpdateTabAttr 在做什麼。在裡面我們把 TabGroup 的 children 一一拿出來，並且提取他的 width 以及 left，我們一次就把他全部記錄下來存成一個 array，這樣之後 active Tab 改變的時候，只要去這個 array 查找就可以了。

到目前為止，可滑動 Indicator 的 Tabs 就完成了！

22.4.4 Tab 置中

要讓 Tabs 可以置左、置中、置右，主要控制 style 的地方是在 TabGroup 上面，因為我們前面也有説，TabGroup 的 children 是 array of Tab，所以我是使用 TabGroup 來佈局，所以在上面我會留下一個 className，方便我在往後客製化他的樣式：

```
1. <StyledTabGroup className="tab__tab-group">
2.   {...}
3. </StyledTabGroup>
```

這樣我就能夠使用 flex 佈局來讓他置中：

```
1. const StyledCentered = styled(Tabs)`
2.   border-bottom: 1px solid #EEE;
```

```
 3.    .tab__tab-group {
 4.      justify-content: center;
 5.    }
 6.  `;
 7.
 8.
 9.  <>
10.    <StyledCentered
11.      options={tabOptions}
12.      {...args}
13.      value={selectedValue}
14.      onChange={(value) => setSelectedValue(value)}
15.    />
16.    <TabPanel>
17.      {`TabPanel of #${selectedValue}`}
18.    </TabPanel>
19.  </>
```

效果如下：

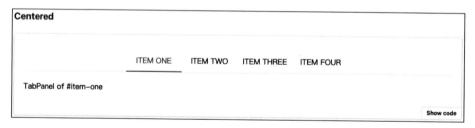

▲ 圖 22-3 Tab 置中

22.4.5 Icon Tab

要讓 Tab 上面除了呈現文字以外，也能夠呈現 Icon，甚至能夠呈現客製化
樣式，這樣就需要讓一開始定義的 label 可以接受這些不同的型別的資料。

```
1.  const iconTabOptions = [
2.    {
3.      value: 'phone',
4.      label: <PhoneIcon />,
5.    },
6.    {
7.      value: 'favorite',
8.      label: <FavoriteIcon />,
9.    },
10.   {
11.     value: 'person',
12.     label: <PersonPinIcon />,
13.   },
14. ];
```

這樣在不用改任何架構的狀況下，就能夠把文字替換成 Icon 啦！

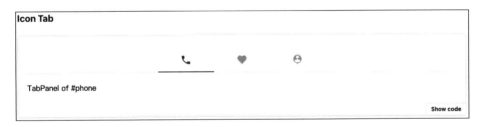

▲ 圖 22-4 Icon Tab

22.4.6 Colored Tab

當然我們的 Tab 也能夠隨意調整顏色，這部分跟先前的篇章，例如 Button、Radio、Switch ... 等等篇章是一樣的方法，就不再重複說明：

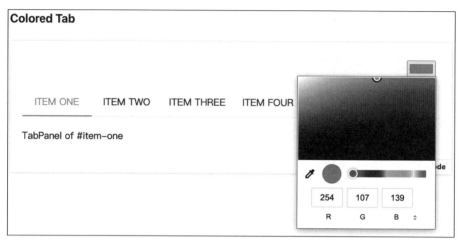

▲ 圖 22-5 Colored Tab

22.5 原始碼及成果展示

https://github.com/TimingJL/13th-ithelp_
custom-react-ui-components/blob/main/src/
components/Tabs/index.jsx

▲ 圖 22-6 Tabs 原始碼

https://timingjl.github.io/13th-ithelp_custom-
react-ui-components/?path=/docs/ 導航元
件 -tabs--default

▲ 圖 22-7 Tabs 成果展示

導航元件 - Pagination

▌23.1 元件介紹

`Pagination` 是一個分頁元件，當頁面中一次要載入過多的資料時，載入及渲染將會花費更多的時間，因此，考慮分批載入資料的時候，需要分頁元件來幫助我們在不同頁面之間切換。

▌23.2 參考設計 & 屬性分析

23.2.1 比較 Antd 和 Mui 的使用方式

我們可以看到一個 Pagination 元件在 MUI 及 Antd 各有不同的 props 來調整頁面上的呈現，但是要決定一個 pagination 當下的狀態有幾個必定需要的參數，不過看了 MUI 以及 Antd 發現他們決定當下狀態的參數略有不同

MUI

- page: 當前頁數
- count: 總頁數

Antd

- current: 當前頁數 (同 MUI 的 page)
- pageSize: 每頁有幾筆資料
- total: 數據總筆數

透過觀察這些 props 的設計，我覺得 MUI 在 props 與 UI 上面的對應會比較直覺，透過 props 可以知道頁面會有幾個分頁，當前是第幾頁：

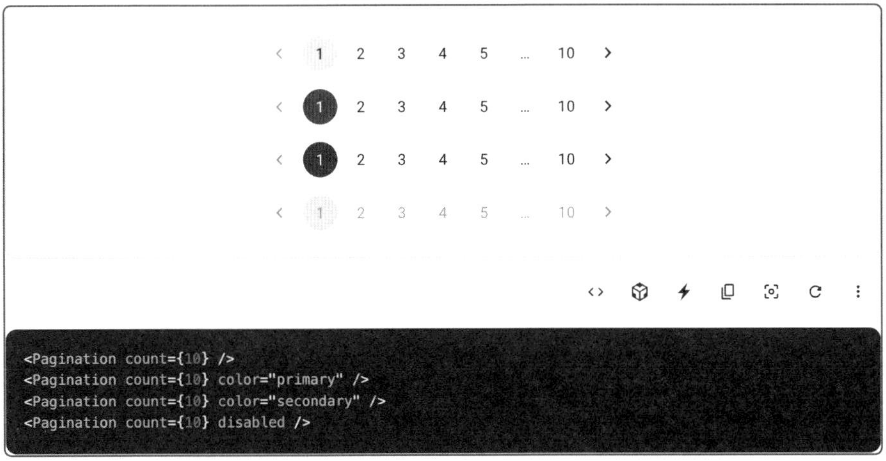

```
<Pagination count={10} />
<Pagination count={10} color="primary" />
<Pagination count={10} color="secondary" />
<Pagination count={10} disabled />
```

▲ 圖 23-1 MUI 的 Basic Pagination

不過 MUI pagination 對於資料方面我覺得會需要前端再另外花功夫處理，因為其實比較常見的 API pagination 設計會是下面這樣的形狀：

```
GET /posts?page=2&limit=20
```

所以我覺得 Antd 的 props 設計，在我的經驗當中，我覺得會跟 API 的設計比較一致，在資料串接上面可以少一些參數的轉換，因為多一層參數的轉換其實也容易增加出錯的機率。

23.2.2 運算邏輯與樣式分離

為了讓開發者做到更進階的客製化，MUI 推出了 `usePagination()` 這個 custom hook 將運算邏輯與渲染樣式做分離，我覺得這個設計很值得令人學習。

我之前也有遇過類似的情境，在 project 過去的 legacy code 當中，新的頁面有一個元件跟過去的元件運算邏輯明明一模一樣，但是因為樣式上的差異導致共用過去的元件很不容易，結果同樣的東西被硬生生刻了兩次；所

以如果把同樣的邏輯抽出去做成 custom hook，這樣在運算邏輯上就能夠
共用，而且頁面的樣式也能夠比較彈性。

```
1.  const { items } = usePagination({
2.    count: 20,
3.  });
4.
5.  console.log('items: ', items);
```

我們用 console.log 把 usePagination() 回傳的參數印出來看一下，並且對
照一下畫面：

▲ 圖 23-2 無樣式的 pagination

▲ 圖 23-3 把 usePagination() 回傳的參數印出的結果

基本上印出來的資料跟畫面上看到的節點是一致的，item type 有幾種可能

- page：頁數節點
- previous：上一頁按鈕
- next：下一頁按鈕
- start-ellipsis：左側被省略的節點
- end-ellipsis：右側被省略的節點

其他欄位如下：

屬性	說明	類型	預設值
type	節點種類	page、previous、next、start-ellipsis、end-ellipsis	
selected	是否被選取	boolean	
disabled	是否被禁用	boolean	
onClick	點擊事件	function	
page	頁數	number	
aria-current	無障礙網站設計使用，表示當前項目的元素		

透過這些欄位的設計，我們就能夠描述一個節點的類型、外觀、狀態以及觸發事件。

23.2.3 實作前構想

透過以上的觀察，我們開始會對要實作的 Pagination 有一些想像，首先，如先前提到的一樣，我的情境是，我還是比較喜歡 Antd 對於他參數的設計，因為比較符合我使用 pagination 的習慣，但是，其實我是還蠻喜歡 MUI 這種把 pagination 的邏輯往外抽出成獨立的 custom hook 的想法，所以，到底要怎麼選擇才好呢？根據「我全都要原則」(自己亂屁的原則

XD)，不如我們來試試看把兩種想法合一吧！我們一樣用 Antd 參數的設計，同時也做一個符合這個參數的 usePagination。

23.3 介面設計

屬性	說明	類型	預設值
className	客製化樣式	string	
themeColor	主題配色	**primary、secondary、色票**	primary
page	當前頁數	number	1
pageSize	每一頁資料筆數	number	20
withEllipsis	頁數過多是否省略	boolean	false
onChange	頁碼以及 pageSize 改變時的 callback	({ current, pageSize }) => void	

23.4 元件實作

23.4.1 元件結構

我對 Pagination 的想像如下，最基本型我會有三個參數，當前頁數 (page)、每頁資料筆數 (pageSize)、資料總筆數 (total)，由於我們的 page 以及 pageSize 都能夠給定預設值，所以我們只要像下面這樣就能夠展示出一個基本的 Pagination：

```
1.  export const Default = () => {
2.    const [page, setPage] = React.useState(1);
3.    return (
4.      <SimplePagination
```

```
5.          page={page}
6.          total={100}
7.          onChange={setPage}
8.      />
9.    );
10. };
```

23.4.2 usePagination

要做 usePagination 之前,先來想一下我們需要哪些東西。

首先,透過 pageSize 以及 total 的計算,我們能夠得知總共有多少頁:

```
1.  const totalPage = Math.ceil(total / pageSize);
```

使用 `Math.ceil` 是讓 total 跟 pageSize 相除之後無條件進位,因為就算最後一頁的資料筆數不滿一頁,還是要算一頁。

再來我們把這每一頁都存成一個節點資料,每一筆資料裡面需要知道頁碼、是否為當前頁,以及點擊這個節點的時候觸發的 onClick 事件,因為 Pagination 不只需要上一頁、下一頁,在點擊頁碼的時候,也希望可以直接跳到那一頁。

預期產生出來的資料會如下:

```
1.  const items = [
2.      { page: 1, isCurrent: true, onClick: () => {...} },
3.      { page: 2, isCurrent: false, onClick: () => {...} },
4.      { page: 3, isCurrent: false, onClick: () => {...} },
5.      { page: 4, isCurrent: false, onClick: () => {...} },
6.      { page: 5, isCurrent: false, onClick: () => {...} },
7.      ...
8.  ];
```

在得到總頁數之後,透過簡單的迭代,就能夠產生上面的資料,如下:

```
1.  const items = [...Array(totalPage).keys()]
2.    .map((key) => key + 1)
3.    .map((item) => ({
4.      type: 'page',
5.      isCurrent: page === item,
6.      page: item,
7.      onClick: () => onChange(item),
8.  }));
```

為了保持單一真相來源，當前頁碼 page 是由外部統一傳入來控制。而如上面程式碼，每一個 page item 上面也綁定 onClick 事件，點擊的時候可以透過外面傳入的 onChange 事件來改變當前的頁數。

另外，點擊上一頁、下一頁的 function 也可以寫在 usePagination 裡面，這樣如果要 上下一頁切換的話，只要呼叫這兩個 function 就可以了。

上一頁和下一頁的 function 也很簡單，下一頁就是 current 一直加一，直 到最後一頁為止，上一頁也是一樣，就是 current 一直減一，直到第一頁為止：

```
1.  const handleClickNext = () => {
2.    const nextCurrent = page + 1 > totalPage ? totalPage :
                               page + 1;
3.    onChange(nextCurrent);
4.  };
5.
6.  const handleClickPrev = () => {
7.    const prevCurrent = page - 1 < 1 ? 1 : page - 1;
8.    onChange(prevCurrent);
9.  };
```

到目前為止我們陽春的 usePagination 就已經搞定，完整程式碼如下：

```
1.  export const usePagination = ({
2.    page = 1,
3.    pageSize = 20,
```

```
4.    total,
5.    withEllipsis,
6.    onChange,
7.  }) => {
8.    const totalPage = Math.ceil(total / pageSize);
9.    const items = [...Array(totalPage).keys()]
10.     .map((key) => key + 1)
11.     .map((item) => ({
12.       type: 'page',
13.       isCurrent: page === item,
14.       page: item,
15.       onClick: () => onChange(item),
16.     }));
17.   const markedItems = items
18.     .map((item) => {
19.       if (
20.         item.page === totalPage
21.         || item.page === 1
22.         || item.page === page
23.         || item.page === page + 1
24.         || item.page === page - 1
25.       ) {
26.         return item;
27.       }
28.       return {
29.         ...item,
30.         type: item.page > page ? 'end-ellipsis' : 'start-
              ellipsis',
31.       };
32.     });
33.   const ellipsisItems = markedItems
34.     .filter((item, index) => {
35.       if (item.type === 'start-ellipsis' && markedItems[index
              + 1].type === 'start-ellipsis') {
36.         return false;
37.       }
```

```
38.       if (item.type === 'end-ellipsis' && markedItems[index +
              1].type === 'end-ellipsis') {
39.         return false;
40.       }
41.       return true;
42.     });
43.
44.   const handleClickNext = () => {
45.     const nextCurrent = page + 1 > totalPage ? totalPage :
                            page + 1;
46.     onChange(nextCurrent);
47.   };
48.
49.   const handleClickPrev = () => {
50.     const prevCurrent = page - 1 < 1 ? 1 : page - 1;
51.     onChange(prevCurrent);
52.   };
53.
54.   return {
55.     items: withEllipsis ? ellipsisItems : items,
56.     totalPage,
57.     handleClickNext,
58.     handleClickPrev,
59.   };
60. };
61.
62. export default { usePagination };
```

23.4.3 Pagination

搞定 usePagination 之後，我們就能夠來實作 Pagination 的本體了，由於
usePagination 已經幫我們搞定大部分的邏輯，所以其實 Pagination 裡面
就只需要做一些簡單的排版佈局、樣式調整就可以了，大致上的架構會如
下，主要就是三個部分，上一頁按鈕、每一頁的 page 節點、下一頁按鈕：

```
1.  const {
2.    items,
3.    handleClickNext,
4.    handleClickPrev,
5.  } = usePagination({ page, pageSize, total });
6.
7.
8.  <StyledPagination>
9.    <PreviousButton onClick={handleClickPrev} />
10.   {
11.     items.map((item) => (
12.       <StyledItem
13.         key={item.page}
14.         $isCurrent={item.isCurrent}
15.         onClick={item.onClick}
16.       >
17.         <span>{item.page}</span>
18.       </StyledItem>
19.     ))
20.   }
21.   <NextButton onClick={handleClickPrev} />
22. </StyledPagination>
```

當然我們上述的參數都是由 usePagination 取得，所以 Pagination 內部其實就會變得很簡潔。

到目前為止我們的陽春 Pagination 就已經搞定啦！會一直說他陽春是因為我沒有做什麼樣式的修飾，也沒有考慮一些加值功能，例如可能頁數太多的時候怎麼處理、可以改變 pageSize ... 等等的功能。

下面展示一下成果：

▲ 圖 23-4 陽春的 Pagination

23.4.4 Pagination 簡單實測

為了簡化，我們先假設情境是資料一次全部載入前端之後，在前端做分頁。當然實務上因為資料筆數很多，所以透過後端 API 讓資料分頁載入前端是比較好的做法，但我為了展示用，先不要做這麼複雜。

首先我來產生一些假資料，假定一頁是 20 筆資料，那我希望總頁數是 6 頁，最後一頁只有少數不滿一頁的資料，所以我給他 total 是 102，我們來產生 102 筆的資料：

```
1.  const fakeData = [...Array(102).keys()].map((key) => ({
2.    id: key,
3.    title: `Index: ${key}`,
4.  }));
```

再來我希望在當前頁碼改變的時候，我能夠拿出在這 102 筆當中，當前那一頁的 20 筆。

所以首先準備一個 handleOnChange function。因為當前頁碼改變了，所以我們要篩選出在當前那一頁的資料，我的作法是先算出最小索引以及最大索引，然後對這個 fakeData 做篩選。

以第一頁來舉例，最小索引就是 0，最大索引就是 19；

第二頁來說，最小索引是 20，最大索引是 39，

依此類推，我們就能夠找出計算索引的公式：

```
1.    const pageSize = 20;
2.    const [page, setPage] = React.useState(1);
3.    const [dataSource, setDataSource] = React.useState([]);
4.
5.    const handleOnChange = (current) => {
6.      const max = current * pageSize;
```

```
7.      const min = max - pageSize + 1;
8.      setDataSource(fakeData.filter((data, index) => index + 1
                    >= min && index + 1 <= max));
9.   };
```

當第一次載入頁面的時候，需要取出第一頁的資料，因此可以透過 React.
useLayoutEffect 這個 hook 來做到這件事：

```
1.   React.useLayoutEffect(() => {
2.      handleOnChange(page); // 第一次載入的時候，page 是預設值 1
3.   }, []);
```

接著，當使用者開始操作 Pagination 元件時，他可能會點擊上一頁、下一
頁，或直接點擊頁碼，此時當前的頁碼以及當前要呈現的資料需要改變。
onChange 這個 function 會被觸發，我們只要讓他被觸發時候，執行剛剛
設計好的 handleOnChange function 就可以了：

```
1.   <StyledWrapper>
2.    <div style={{ height: 650 }}>
3.      {dataSource.map((data) => (
4.        <DataItem key={data.id}>
5.          <div>{data.title}</div>
6.        </DataItem>
7.      ))}
8.    </div>
9.    <Pagination
10.     page={page}
11.     pageSize={pageSize}
12.     total={fakeData.length}
13.     onChange={(current) => {
14.       handleOnChange(current);
15.       setPage(current);
16.     }}
17.   />
18. </StyledWrapper>
```

這邊就是我們展示的成果了，看起來雖然簡易，但也是有模有樣的：

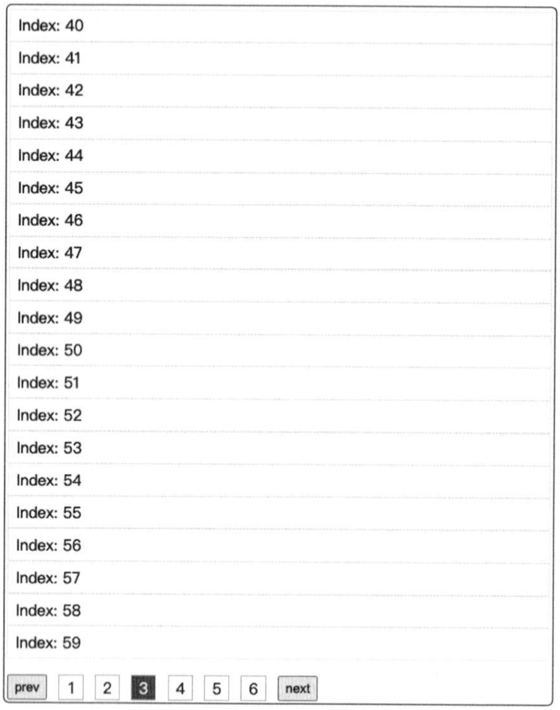

| Index: 40 |
| Index: 41 |
| Index: 42 |
| Index: 43 |
| Index: 44 |
| Index: 45 |
| Index: 46 |
| Index: 47 |
| Index: 48 |
| Index: 49 |
| Index: 50 |
| Index: 51 |
| Index: 52 |
| Index: 53 |
| Index: 54 |
| Index: 55 |
| Index: 56 |
| Index: 57 |
| Index: 58 |
| Index: 59 |

prev 1 2 3 4 5 6 next

▲ 圖 23-5 Pagination 簡單實測

23.4.5 主題顏色 (themeColor)

如果就只是陽春的來結尾，感覺會留下一些遺憾，所以這邊我們也簡單做一些樣式的美化，我拿 MUI 的樣式做範本，稍微調整一下 CSS，然後跟前一些篇章一樣，可以用 themeColor 這個 props 來客製化他的顏色，詳細的做法我一樣會附上程式碼，因為只有稍微調整一下 CSS，和換一下 Icon，就不做詳細說明，直接來展示結果，證明我們的 Pagination 是可以讓你輕易隨意調整樣式的：

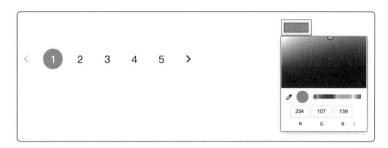

▲ 圖 23-6 透過 themeColor 改變主題顏色

23.4.6 頁數太多要省略節點

最後我們再來處理一個情境，通常是因為資料量多到無法在一頁當中完整
的呈現，才會需要用到 Pagination 元件來分頁載入，所以很可能遇到頁
數爆棚的情況，特別在行動裝置流行的當代，如果頁數爆棚真的是有點困
擾，窄窄的手機螢幕可能塞不下，如下示意：

▲ 圖 23-7 頁數太多造成 Pagination 元件太長

當然做法會很多種，這邊我跟大家分享我的作法：

我希望縮短的方式，是留頭尾，然後留 `current - 1`、`current`、`current
+ 1` 這幾個 page，其他的都省略。

首先我們在資料面上先做一些標記，我跑一個迴圈，把想要留下來的標示
為 `type: 'page'`，其他的，若在 current 之後，則標示 `end-ellipsis`，
反之，則標示 `start-ellipsis`：

```
1.   const markedItems = items
2.     .map((item) => {
3.       if (
```

```
4.       item.page === totalPage
5.    || item.page === 1
6.    || item.page === page
7.    || item.page === page + 1
8.    || item.page === page - 1
9.    ) {
10.      return item;
11.    }
12.    return {
13.      ...item,
14.      type: item.page > page ? 'end-ellipsis' : 'start-ellipsis',
15.    };
16.  });
```

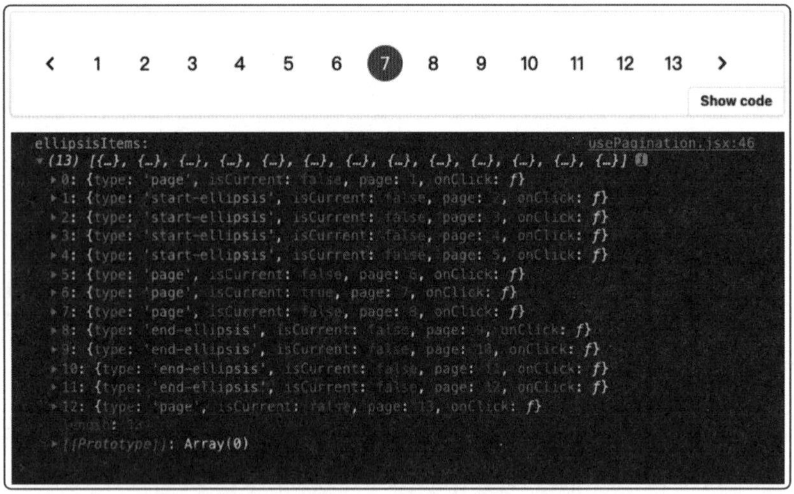

▲ 圖 23-8 對資料標示 start-ellipsis 以及 end-ellipsis

再來，因為我不需要那麼多重複的 start-ellipsis 以及 end-ellipsis，所以我
們來把重複的過濾掉：

```
1.  const ellipsisItems = markedItems
2.    .filter((item, index) => {
```

```
3.      if (item.type === 'start-ellipsis' && markedItems[index +
            1].type === 'start-ellipsis') {
4.        return false;
5.      }
6.      if (item.type === 'end-ellipsis' && markedItems[index +
            1].type === 'end-ellipsis') {
7.        return false;
8.      }
9.      return true;
10.   });
```

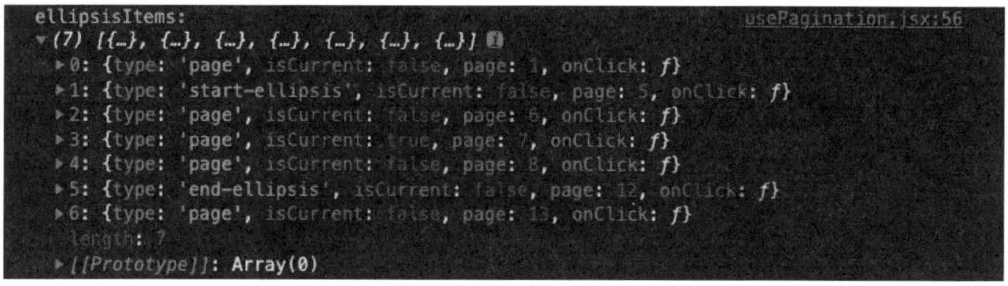

▲ 圖 23-9 把重複的 start-ellipsis 以及 end-ellipsis 過濾掉

資料處理完之後,接著來處理畫面:

如果是 `type: 'page'` 的節點,就讓他跟之前一樣顯示。如果 type 是 `ellipsis` 的節點,就把他換成省略符號:

```
1.  items.map((item) => {
2.    if (item.type === 'page') {
3.      return (
4.        <StyledItem
5.          key={item.page}
6.          $isCurrent={item.isCurrent}
7.          $color={color}
8.          onClick={item.onClick}
9.        >
10.         <span>{item.page}</span>
```

```
11.        </StyledItem>
12.      );
13.    }
14.    return (
15.      <div key={item.page}>
16.        ...
17.      </div>
18.    );
19. })
```

到此為止，我們的 Pagination 就完成了！

23.5 原始碼及成果展示

https://github.com/TimingJL/13th-ithelp_
custom-react-ui-components/blob/main/src/
hooks/usePagination.jsx

▲ 圖 23-10 usePagination 原始碼

https://github.com/TimingJL/13th-ithelp_
custom-react-ui-components/blob/main/src/
components/Pagination/index.jsx

▲ 圖 23-11 Pagination 原始碼

https://timingjl.github.io/13th-ithelp_
custom-react-ui-components/?path=/docs/
導航元件 -pagination--default

▲ 圖 23-12 Pagination 成果展示

24

反饋元件 - Spin

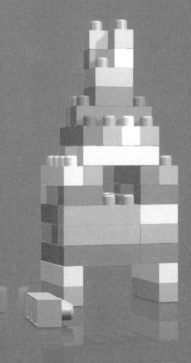

▋24.1 元件介紹

`Spin` 是一個載入狀態元件，當頁面正在處理非同步行為，或需要讓用戶等待的作業時，用來顯示以緩解用戶等待的焦慮。

▋24.2 參考設計 & 屬性分析

24.2.1 Spin 的外觀

一個簡單的 loading 狀態，只需要拿一個適合的 icon 來旋轉就可以了

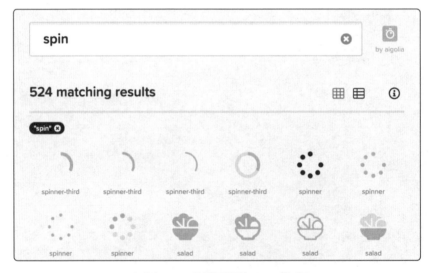

▲ 圖 24-1 各種不同的 Spin 樣式

Spin 元件雖然相對單純，但是也是有一些做法可以讓我們使用起來更為方便。

24.2.2 內容加載中

Antd 讓 Spin 也能夠擁有 children 元件，這樣的做法可以讓載入的同時也能夠看到內容。

```
1.  <Spin spinning={this.state.spinning}>
2.    {children}
3.  </Spin>
```

假設一個情境是我們需要編輯某個資料 table 或是留言板，每做一個小動作就要打一次 API，每次打 API 就會整頁白掉變成 loading 狀態，載入完之後再重新顯示資料，如果這些操作很頻繁的話，那這樣的使用者體驗必定很不好。

因此若這一頁的內容正在載入中，但是又不想要整個區塊換成載入狀態，或許用這種內容加載的方式也是一種選擇。

▲ 圖 24-2 Antd 的 Spin 使用於內容加載中

24.2.3 元件大小 (size)

透過一個 props 來決定 Spin 的大小，也是很基本卻很重要的性質之一，畢竟把 Spin 放在一顆按鈕裡面，跟把 Spin 放在整個頁面的中間，所需要的 size 很可能會不同。Antd 這邊只提供可選的選項，分別是 `small`、`default`、`large`。

24.2.4 indicator

隨著網站的不同，為了配合設計師的設計，我們也需要能夠隨心所欲的更改 Spin 的 icon。當然一個網站應該不太會設計成每一頁的 Spin 都長不一樣，不過 Antd 是為了讓廣大的開發者能夠使用，因此會有這個需求，如果是自己的網站要使用，一到兩種應該就很夠用了。

24.3 介面設計

屬性	說明	類型	預設值
className	客製化樣式	string	
isLoading	是否載入中	boolean	false
indicator	自定義載入符號	ReactNode、string	<CircularProgress />
children	內容	ReactNode、string	

24.4 元件實作

24.4.1 元件結構

`Spin` 最簡單的原理就是根據是否加載中這個 boolean 來判斷是否要顯示載入符號，其他的部分就是根據不同情境來調整樣式。

那今天我們要實作的情境有兩種，一種是 Spin 直接當作加載元件，一種是 Spin 會成為一個加載容器，所以我的想法如下：

```
1.  const Spin = ({
2.    indicator, isLoading, children, ...props
3.  }) => {
4.
5.    if (!children) {
6.      return indicator;
7.    }
8.    return (
9.      <SpinContainer {...props}>
10.       {children}
11.       {isLoading && indicator}
12.     </SpinContainer>
13.   );
14. };
```

主要核心的想法到目前為止就已經差不多了，其他的部分就是樣式上的調整。

當我們要直接 show 出一個 Spin：

▲ 圖 24-3 Spin 的預設樣式

24.4.2 Custom Indicator

這個 Spin 圖示是我偷懶直接拿 MUI 的 `<CircularProgress />` 來使用。

但如果圖示的樣式要客製化也是可以的，假設今天拿到一個 SVG 檔，我把它轉換成 JS：

```
1.  export const SpinnerIcon = (props) => (
2.    <svg
3.      aria-hidden="true"
4.      focusable="false"
5.      data-prefix="fas"
6.      data-icon="spinner"
7.      role="img"
8.      xmlns="http://www.w3.org/2000/svg"
9.      viewBox="0 0 512 512"
10.     className="svg-inline--fa fa-spinner fa-w-16 fa-3x"
11.     {...props}
12.   >
13.     <path fill="currentColor" d="M304 48c0 ...." className="" />
14.   </svg>
15. );
```

然後我就能夠自己做一個 indicator，當作 props 傳入，或是直接做進 Spin 元件當作預設的 indicator，我這邊以 props 傳入為例：

```
1.  import styled, { keyframes } from 'styled-components';
2.
3.  const rotateAnimation = keyframes`
4.    from {
5.      transform: rotate(0deg);
6.    }
7.    to {
```

```
8.      transform: rotate(360deg);
9.    }
10. `;
11.
12. const RotateContainer = styled.div`
13.   width: 40px;
14.   height: 40px;
15.   animation: ${rotateAnimation} 1000ms ease-in-out infinite;
16. `;
17.
18. <Spin
19.   indicator={(
20.     <RotateContainer>
21.       <FaSpinner />
22.     </RotateContainer>
23.   )}
24. />
```

就會是這樣：

▲ 圖 24-4 Custom Indicator

24.4.3 Spin as Container

再來就是我們把 Spin 當作一個容器，讓他的 children 有載入狀態，使用起來如下：

```
1.  <Spin isLoading>
2.    <Content />
3.  </Spin>
```

我的作法提供給大家參考：

```
1.  <SpinContainer {...props}>
2.    {children}
3.    {isLoading && (
4.      <>
5.        <Mask />
6.        <Indicator
7.          ref={indicatorRef}
8.          className="spin__indicator"
9.          $indicatorSize={indicatorSize}
10.       >
11.         {indicator}
12.       </Indicator>
13.     </>
14.   )}
15. </SpinContainer>
```

主 要 的 想 法 就 是 `<SpinContainer />` 這 一 層 設 為 `position: relative;`，然後裡面的 `<Indicator />` 設為 `position: absolute;` 讓他能夠蓋在內容上面，並做置中的定位。

然後可以看到我這邊多給一個 `<Mask />` 元件，主要是如果直接 show 出 indicator 疊在內容上的話，會顯得有點繚亂，所以我想要弱化載入中時內容的顯眼度，來凸顯加載中的樣式，以下就是今天的成果展示：

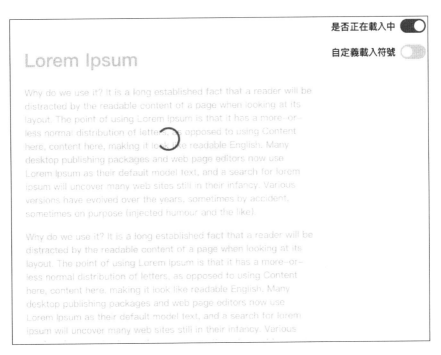

▲ 圖 24-5 Spin as Container

24.5 原始碼及成果展示

https://github.com/TimingJL/13th-ithelp_
custom-react-ui-components/blob/main/src/
components/Spin/index.jsx

▲ 圖 24-6 Spin 原始碼

https://timingjl.github.io/13th-ithelp_custom-react-ui-components/?path=/docs/ 反饋元件 -spin--default

▲ 圖 24-7 Spin 成果展示

25

反饋元件 - Skeleton

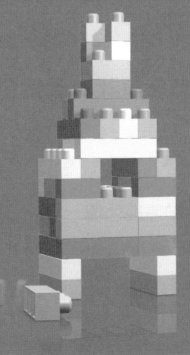

▌25.1 元件介紹

`Skeleton` 是一個骨架載入元件 (Skeleton Screen Loading)，跟 Spin 不同的是，Skeleton 幫助我們在頁面載入完成之前可以先看到一個描繪當前頁面大致框架的樣式，載入完成之後，原本骨架的地方將被真實的資料給替換。

▲ 圖 25-1 Skeleton 元件

在資料載入之前，先用色塊來代替文字和圖片，將頁面架構和資料位置呈現在使用者眼前，可以讓使用者產生一種「內容即將要出現」的感覺，而非將注意力全放在「等待時間」上。因此使用者體驗上會比較好，而且也可以減少 loading icon 突然變成資料區塊的不連續突兀感。適合使用在整個區塊需要載入的狀況。

▌25.2 參考設計 & 屬性分析

為了達到不同的效果，各家的做法也不一，因此以下分享幾個不同的做法，不一定盡善盡美，但覺得也是看到了不同的思維可以學習。

25.2.1 無動畫純色塊

這部分是最單純，就是用色塊勾勒出頁面顯示的架構。

▲ 圖 25-2 無動畫純色塊的 Skeleton 元件

```
1.  const SkeletonWrapper = styled.div`
2.    display: flex;
3.    align-items: center;
4.    & > *:not(:first-child) {
5.      margin-left: 16px;
6.    }
7.  `;
8.
9.  const TextLineWrapper = styled.div`
10.   & > *:not(:first-child) {
11.     margin-top: 12px;
12.   }
13. `;
14.
15. const TextLine = styled.div`
16.   background: #EEE;
17.   height: 12px;
18. `;
19.
20. const Avatar = styled.div`
21.   width: 50px;
22.   height: 50px;
23.   background: #EEE;
24. `;
25.
26.
27. const Skeleton = () => (
28.   <SkeletonWrapper>
29.     <Avatar />
30.     <TextLineWrapper>
31.       <TextLine style={{ width: 300 }} />
32.       <TextLine style={{ width: 230 }} />
33.     </TextLineWrapper>
34.   </SkeletonWrapper>
35. );
```

25.2.2 閃爍色塊

因為前面色塊真的太單純，可能畫面會呆呆的，不太知道畫面是有在載入還是當掉，可以簡單加一些動畫，直接用顏色深淺的變化來做。

我目前做的範例是跟先前一樣，只是加入一個閃爍的動畫，整體的感覺就很不一樣。我用的動畫只有單純改變 opacity，然後動畫的設定是用 alternate-reverse，可以像是乒乓球一樣來回播放，這樣看起來比較不會卡頓，最後是 infinite 讓他無限輪播。

```
1.  const flash = keyframes`
2.    from {
3.      opacity: 0.3;
4.    }
5.    to {
6.      opacity: 1;
7.    }
8.  `;
9.
10. const TextLine = styled.div`
11.   background: #EEE;
12.   height: 12px;
13.   animation: ${flash} 0.8s ease-in-out alternate-reverse
          infinite;
14. `;
15.
16. const Avatar = styled.div`
17.   width: 50px;
18.   height: 50px;
19.   background: #EEE;
20.   animation: ${flash} 0.8s ease-in-out alternate-reverse
          infinite;
21. `;
```

25.2.3 背景光暈移動動畫

Antd 也有這種動畫,就是我們可以看到一個陰影或是光暈的東西在前面滑過,有點像是光源移動的感覺。

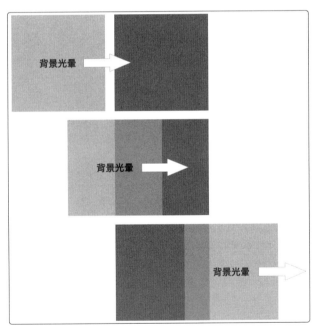

▲ 圖 25-3 Antd Skeleton 元件的背景光暈移動動畫

其實原理如這張動畫:

▲ 圖 25-4 背景光暈移動動畫的分解動作

做法的概念簡單來説,就是我們要製造的一個剪層色塊在背景從左到右滑動,然後不間斷地輪播就可以了,然後漸層超出背景的地方,就用 `overflow: hidden;` 處理掉。

下面這邊就是我的作法：

```
1.  const slide = keyframes`
2.    from {
3.      left: -150%;
4.    }
5.    to {
6.      left: 100%;
7.    }
8.  `;
9.
10. const StyledBackgroundSlide = styled.div`
11.   width: 12px;
12.   height: 12px;
13.   background: #EEE;
14.   position: relative;
15.   overflow: hidden;
16.   &:before {
17.     content: '';
18.     position: absolute;
19.     height: 100%;
20.     width: 80px;
21.     top: 0px;
22.     background: linear-gradient(to right, transparent 0%,
           #FFFFFF99 50%, transparent 100%);
23.     animation: ${slide} 1s cubic-bezier(0.4, 0.0, 0.2, 1)
           infinite;
24.     box-shadow: 0 4px 10px 0 #FFFFFF33;
25.   }
26. `;
27.
28. const BackgroundSlide = (props) => (
29.   <StyledBackgroundSlide {...props} />
30. );
```

我的背景是用 `<div />`，然後漸層色塊我用一個偽元素 `:before` 來做，

主要是利用 `linear-gradient` 來製造漸層的背景，最後加上一點 `box-shadow` 來讓這個漸層更延伸，好像有點光暈感，看起來比較自然一些。

■ 25.3 介面設計

屬性	說明	類型	預設值
variant	變化模式	colorBlock、flash、slide	slide

■ 25.4 元件實作

25.4.1 元件結構

要元件實作的時候發現我們上面在分析解釋就已經講完了 XD

所以上述三種不同動畫樣式我乾脆就把他包做一個元件，然後用 variant 來決定要呈現哪一種動畫，像是下面這樣：

```
1.  <Skeleton variant="slide" />
```

然後根據我們不同的頁面架構，再來勾勒出它的形狀，例如像上面一個 Avatar 搭配兩行字的架構，就能夠用下面的方式來做：

```
1.  import Skeleton from '../components/Skeleton';
2.
3.  const Avatar = ({ style, ...props }) => (
4.    <Skeleton style={{ width: 50, height: 50, ...style }}
          {...props} />
5.  );
6.
7.  const TextLine = ({ style, ...props }) => (
8.    <Skeleton style={{ width: 50, height: 12, ...style }}
```

```
          {...props} />
9.  );
10.
11. const SkeletonDemo = ({ variant }) => (
12.   <SkeletonWrapper>
13.     <Avatar variant={variant} />
14.     <TextLineWrapper>
15.       <TextLine variant={variant} style={{ width: 300 }} />
16.       <TextLine variant={variant} style={{ width: 230 }} />
17.     </TextLineWrapper>
18.   </SkeletonWrapper>
19. );
```

這邊準備的是一個最基礎單元的 Skeleton，假設接下來需要一篇文章的
Skeleton，或是一張卡片的 Skeleton，則再用這個小單元來組成大單元就可
以了。那如果發現這些大單元不斷被重複使用，我們就能夠再額外把他包成
一個元件，例如：`<ArticleSkeleton />`、`<CardSkeleton />`... 等等。

25.5 原始碼及成果展示

https://github.com/TimingJL/13th-ithelp_
custom-react-ui-components/blob/main/src/
components/Skeleton/index.jsx

▲ 圖 25-5 Skeleton 原始碼

https://timingjl.github.io/13th-ithelp_custom-
react-ui-components/?path=/docs/ 反饋元件 -
skeleton--default

▲ 圖 25-6 Skeleton 成果展示

26

反饋元件 -
Progress bar

26.1 元件介紹

Progress bar 是能夠展示當前進度的進度條元件。當一個操作需要顯示目前百分比，或是需要較長時間等待運行的時候，能夠使用這樣的元件提示用戶目前進度，藉此來緩解用戶等待的焦慮感，或者提供使用者完成複雜任務的成就感。

以下舉例可能會使用到進度條的情境：

- 上傳、下載檔案的進度
- 線上課程網站的課程完成進度
- 募資網站的募資進度
- 填寫複雜表單的時候顯示已完成、剩餘完成的進度

26.2 參考設計 & 屬性分析

26.2.1 元件結構

其實 Progress bar 某種程度上我覺得跟先前提到的 Slider 元件在結構上有點像，會需要一個軌道 rail，在軌道上面有目前的進度 track 條，再厲害一點就是可以在進度條的旁邊加上進度數字。

下圖是 Antd 的 Progress bar 結構，看起來結構上也是符合直覺，也蠻單純的，ant-progress-inner 就是 rail 元件，ant-progress-bg 就是 track 元件，彼此的關係是 parent and children；另外也可以看到 ant-progress-text 是進度百分比，然後主要的 bar 結構跟文字結構是同一層，外面再用一層 div 包起來來幫助他們做排版。

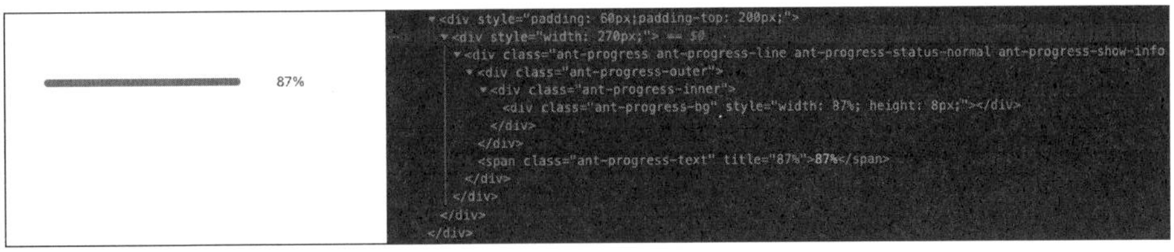

▲ 圖 26-1 Antd 的 Progress bar 結構

再來我們來看 MUI 的 Progress bar，看起來結構上應該是跟 Antd Progress bar 一模一樣

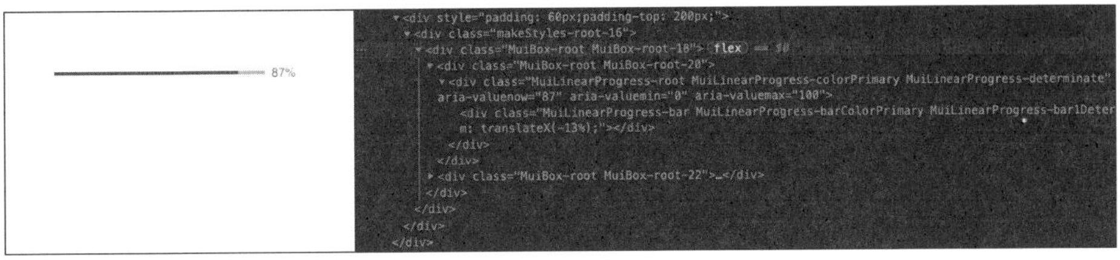

▲ 圖 26-2 MUI 的 Progress bar 結構

26.2.2 進度

Antd 的進度數值 props 叫做 percent，而 MUI 則叫做 value，其實我個人覺得 value 會有點看不出來到底範圍值在哪裡，只是文件上面有說明是 0~100。

在 MUI Progress bar 的 value 裡面我們故意塞了一個超出 100 的數字，他沒有禁止你這麼做，但是果然是跑出一個非預期的樣子。

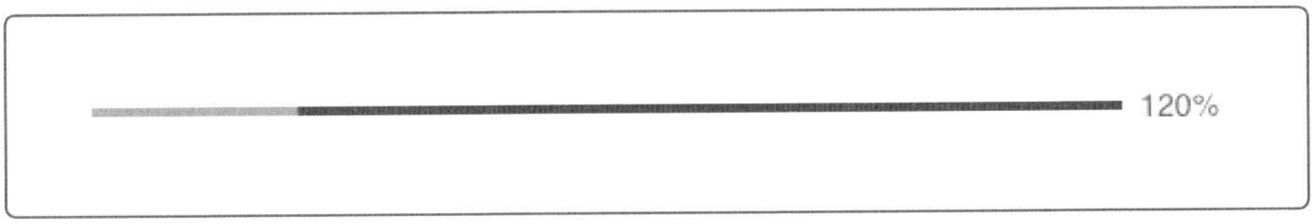

▲ 圖 26-3 MUI Progress bar 超過 100% 的樣子

在 Antd Progress bar 裡面我們一樣塞了 120 這個數字，可以看到在 `ant-progress-bg` 的地方是 `width: 100%`，所以如果超出 100 的話，應該就是自動幫你修正成 100。這樣的設計我覺得會比較符合我對這個元件的預期，只不過我沒有很喜歡他自作主張的幫我變色，還幫我把數字變成綠色勾勾。

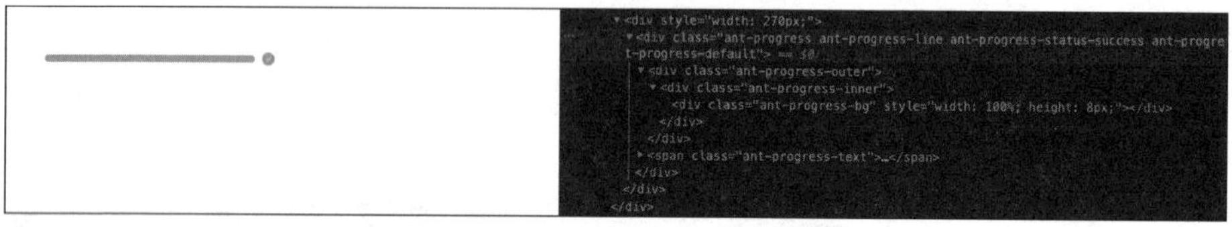

▲ 圖 26-4 Antd Progress bar 超過 100% 的樣子

26.2.3 顏色

MUI 一樣是統一他的風格，props 用 color，內容一樣是只支援 primary、secondary 保留字，要客製化的話需要透過他的 JSS。

Antd 就直接分成進度條顏色 (strokeColor) 以及未完成的分段顏色 (trailColor)，以套件使用者的角度來看，我看到這兩個 props 命名其實是有點怪怪的。

但我的猜想是這樣的，Antd Progress bar 支援 Linear Progress 以及 Circular Progress，Linear Progress 大部分是由 Html div 結構所組成，而 Circular Progress 其實就是一個 SVG，而 strokeColor 應該是取自 SVG 的參數命名。但是 Linear Progress 明明就不是 SVG 結構，但卻用了 SVG 的參數命名，我個人是覺得有點不太搭。

但以目前為止我們設計的元件，為了一致性，track 的顏色應該會統一叫做 themeColor，傳入顏色一樣支援 primary、secondary 關鍵字以及色票，另外 railColor 其實比較少會有需要去改變它,所以乾脆不設計 props 我覺得應該也沒關係,但若要設計的話,會希望與 rail 元件的名稱一致,所以應該會叫做 railColor。

26.2.4 是否顯示進度數值或狀態圖標

如果在專案上面需要顯示進度數值的話,我覺得加入像 Antd 這個 showInfo 的 props 設計也是很方便:

▲ 圖 26-5 Antd 顯示進度數值或狀態圖標

但也有可能有些專案不是很需要顯示這個數值,或者説數值是顯示在 bar 上面,如下圖所示,那我覺得也是按照自己的需要做調整就可:

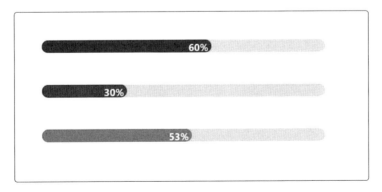

▲ 圖 26-6 數值顯示在 bar 上面

26.3 介面設計

屬性	說明	類型	預設值
className	客製化樣式	string	
value	進度	number	0
themeColor	主題配色，primary、secondary 或是自己傳入色票	primary、secondary、色票	primary
showInfo	是否顯示進度數值	boolean	true
isStatusActive	是否顯示等待進度動畫	boolean	false

26.4 元件實作

26.4.1 元件結構

我們希望用下面這樣一個簡單的形式就能夠得到一個進度條：

```
1.  <ProgressBar value={50} />
```

▲ 圖 26-7 Progress bar

其實我們的進度條跟 Slider 元件有點類似，不妨可以一起參考。

因為一個進度條主要會需要 `track`、`rail` 兩個元素，所以以下是主要的結構：

```
1.  <Trail className="progress-bar__trail">
2.   <Track
3.     className="progress-bar__track"
4.     $color={color}
5.     $value={value}
6.     $isStatusActive={isStatusActive}
7.   />
8.  </Trail>
```

那我們這次也加入了如同進度數值的資料，所以在同一層加入 Info，並且透過父層做排版，如下：

```
1.  const StyledProgressBar = styled.div`
2.    display: flex;
3.    align-items: center;
4.  `;
5.
6.
7.  <StyledProgressBar className={className}>
8.    <Trail className="progress-bar__trail">
9.     <Track
10.       className="progress-bar__track"
11.       $color={color}
12.       $value={value}
13.       $isStatusActive={isStatusActive}
14.     />
15.   </Trail>
16.   {showInfo && (
17.    <Info className="progress-bar__info">
18.      {`${value}%`}
19.    </Info>
20.   )}
21. </StyledProgressBar>
```

那進度條元件的主幹就完成了！

26.4.2 數值限制

我們希望數值可以顯示超過 100%，然後最小不能低於 0%。

不過雖然數值能夠超過 100%，但是 track 的長度總不能無限超出 trail 長度，否則會破版，因此我們還是將 track 的長度限制在 0~100 之間，所以在 track 的 value 會需要做一些限制：

```
1.  const formatValue = (value) => {
2.    if (value > 100) {
3.      return 100;
4.    }
5.    if (value < 0) {
6.      return 0;
7.    }
8.    return value;
9.  };
10.
11.
12. <Track
13.   {...略}
14.   $value={formatValue(value)}
15. />
```

效果如下圖，如果數值超過 100%，那我們的 bar 還是顯示 100%。

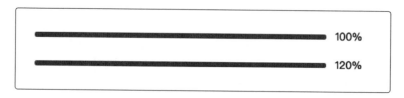

▲ 圖 26-8 數值限制

26.4.3　主題顏色 (themeColor)

跟之前的招數如出一徹，我們用準備好的 useColor 來處理顏色：

```
1.  const { makeColor } = useColor();
2.  const color = makeColor({ themeColor });
```

跟之前的元件一樣，我們允許讓他隨意可以變色：

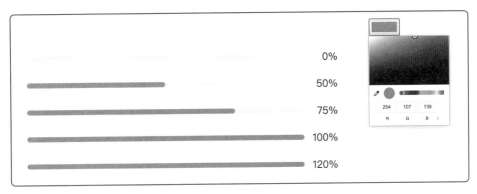

▲ 圖 26-9　更換主題顏色

26.4.4　漸層 track 顏色

我們其實也常看見一些進度條會有漸層的變化，例如從左到右越來越深色，表示進度即將要完成，用前面說的 themeColor 做不到怎麼辦？

沒關係，我們在 `<Track />` 上面有留下 className，因此可以幫助我們隨意調整樣式：

```
1.  <Track
2.    className="progress-bar__track"
3.    {...略}
4.  />
```

所以我們就能夠這樣做：

```
1.  import ProgressBar from '../components/ProgressBar';
2.
3.  const GradientProgressBar = styled(ProgressBar)`
4.    .progress-bar__track {
5.      background: linear-gradient(45deg, #FF8E53 30%, #FE6B8B
         90%);
6.    }
7.  `;
8.
9.  <GradientProgressBar {...args} />
```

達到的效果如下，讓你炫砲得不要不要的：

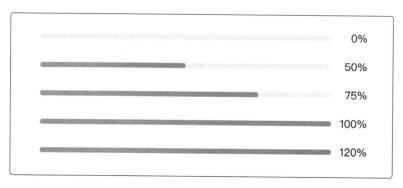

▲ 圖 26-10 漸層 track 顏色

26.4.5 isStatusActive，光暈移動動畫

等待進度的時間總是特別漫長，所以總是需要做一些奇怪的動畫讓用戶覺得你的系統真的有在忙著幫他處理事情，那我們何不把上一篇 Skeleton 的光暈移動動畫抄過來用呢？

所以我們可以在 <Track /> 加上一個 Boolean props，這邊我絞盡我殘破的
英文來取一個叫做 isStatusActive 的參數，藉此來控制要不要顯示這個動
畫：

```
1.  <Track
2.    {...略}
3.    $isStatusActive={isStatusActive}
4.  />
```

動畫方面我的範例如下：

```
1.  const activeAnimation = css`
2.    position: relative;
3.    overflow: hidden;
4.    &:before {
5.      content: '';
6.      position: absolute;
7.      height: 100%;
8.      width: 80px;
9.      top: 0px;
10.     background: linear-gradient(to right, transparent 0%,
            #FFFFFF99 50%, transparent 100%);
11.     animation: ${slide} 1s cubic-bezier(0.4, 0.0, 0.2, 1)
            infinite;
12.     box-shadow: 0 4px 10px 0 #FFFFFF33;
13.   }
14. `;
15.
16. const Track = styled.div`
17.   /* ...略 */
18.   ${(props) => props.$isStatusActive && activeAnimation}
19. `;
```

原理跟前篇一樣，我用一個為元素當作漸層光暈，在背景上面重複由左往右移動，超出的部分就用 `overflow: hidden;` 處理掉，詳細原理的部分可參考前篇，我做出來的效果如下：

▲ 圖 26-11　光暈移動動畫

看起來就覺得這個系統真的很忙，有在認真！

26.4.6　進度條慢慢長出來

那如果我們想要讓人家看到進度條努力長出來的過程，可以加上一些 `setInterval` 的動畫，那我這個範例是沒有將這個功能做進去 `<ProgressBar />` 元件裡面，我怕裡面做的事情太複雜，所以我把他拉到外面做，但如果有考量到很常用到這個效果，或許再把他做進去元件裡面也不遲，或是另外再基於 `<ProgressBar />` 做出另一個元件也可以：

```
1.  const [playKey, setPlayKey] = useState(true);
2.  const [transitionValue, setTransitionValue] = useState(0);
3.
4.  useEffect(() => {
5.    let intervalId;
6.    setTransitionValue(0);
7.    if (playKey) {
```

```
8.     setPlayKey(false);
9.     intervalId = setInterval(() => {
10.      setTransitionValue((prev) => {
11.        if (prev >= 120) {
12.          clearInterval(intervalId);
13.        }
14.        return prev + 1;
15.      });
16.    }, 30);
17.  }
18. }, [playKey]);
```

Demo 的地方我做一個重播按鈕，按下去改變 `playKey`，藉此觸發 `useEffect` 內容可以再次執行：

```
1. <Button onClick={() => setPlayKey(true)}>
2.   重播
3. </Button>
```

然後藉由上面 setInterval，我們不斷的改變 progress 的 value，慢慢把他 +1 加上去，直到終點進度為止就停止加總：

```
1. <ProgressBar {...args} value={transitionValue < 50 ?
     transitionValue : 50} />
```

最後一定要記得在 `<Track />` 上面的 width 加上 `transition`，這樣 width 在變長的時候，才會有連續的過場動畫，不會一格跳一格的跳上去：

```
1. const Track = styled.div`
2.   background: ${(props) => props.$color};
3.   width: ${(props) => props.$value}%;
4.   height: 8px;
5.   border-radius: 50px;
6.   transition: width 0.2s;
```

```
7.    ${(props) => props.$isStatusActive && activeAnimation}
8.  `;
```

這樣就可以看到進度條慢慢長出來的效果啦！

▌26.5 原始碼及成果展示

https://github.com/TimingJL/13th-ithelp_
custom-react-ui-components/blob/main/src/
components/ProgressBar/index.jsx

▲ 圖 26-12 Progress bar
原始碼

https://timingjl.github.io/13th-ithelp_custom-
react-ui-components/?path=/docs/ 反饋元
件 -progressbar--default

▲ 圖 26-13 Progress bar
成果展示

27

反饋元件 - Progress circle

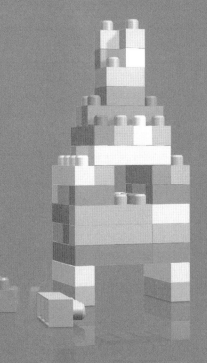

▌27.1 元件介紹

`Progress circle` 跟上一篇 Progress bar 一樣是能夠展示當前進度的元件。只是在外觀上面以圓形替代長條形，好處是在寬度不夠的排版空間當中能夠節省空間。

▌27.2 參考設計 & 屬性分析

27.2.1 元件結構

我們知道上一篇提到的 Antd progress bar 結構上長這樣：

```
1.  <div className="ant-progress-inner">
2.    <div className="ant-progress-bg" />
3.  </div>
```

那我們今天來偷看一下 progress circle 的結構：

```
1.  <div className="ant-progress-inner">
2.    <svg className="ant-progress-circle">
3.      <path className="ant-progress-circle-trail" ...>
4.      <path className="ant-progress-circle-path" ...>
5.      ....(略)
6.    </svg>
7.  </div>
```

看起來真的沒有 progress bar 那麼單純了是不是呢？

但至少我們找到了一個關鍵，就是他使用了 SVG 來畫甜甜圈。

如果甜甜圈要用 `<div />` 來做，或許也不是做不到，但可能實現起來又更複雜。主要的原理就是使用半圓型，然後根據不同的角度、進度，來遮蔽掉不需要的部分，只露出我們需要的角度範圍，就能夠做到進度條的效果。

但是進度條又更複雜一點，因為他不是純扇型，他是一個甜甜圈，中間的部分需要挖空，當然我們不可能真的把他挖空，所以能夠用到的方法也是想辦法把中間遮起來。

大家想想看，如果做一個元件需要常常這樣遮遮掩掩的，在變換一些使用情境的時候是不是很有可能會露出馬腳呢？就像小時候不懂事說了一個謊或掩蓋了一件秘密，未來在面對各種情境的時候就很容易露出破綻一樣，我們在使用這個元件的時後，使用情境上面就會變得比較侷限，或是比較容易破版被抓到。

因此，使用 SVG 來畫 Progress Circle 就成為我們這次的選擇。

27.2.2 SVG 簡介

SVG 是可縮放向量圖形 (Scalable Vector Graphics，SVG)。是基於 XML，用於描述二維向量圖形的一種圖形格式，而 SVG 也是由 W3C 所制定的開放標準，老早就成為網頁標準。

要畫出一個 SVG 圖，我們需要先定義出圖片的可視區域大小，width="300" height="300" 就表示我們定義了一個 300x300 的視區，與 HTML 和 CSS 比較不同的地方，SVG 本身定義這些屬性是沒有單位的，不過基本上就是以「像素 px」為單位。

```
1.  <svg width="300" height="300" ...>
2.    ...
3.  </svg>
```

我們來看一下 SVG 要怎麼畫圓型，SVG 提供了 `<circle />` 這個標籤來給我們使用，要給哪些參數才有辦法定義出一個圓形呢？其實我們只需要圓心的座標以及半徑長度就能夠定義出一個圓形了：

- 標籤名稱：circle
- 圓心座標：cx、cy
- 半徑長度：r

```
1.  <circle cx="80.141" cy="73.446" r="44" ...... />
```

上面的這個圓心座標 `cx` 與 `cy` 是在 SVG 可視範圍內的座標。

▲ 圖 27-1 SVG 圓形

circle 上面有一些屬性是我們等一下會用到的。

首先要介紹的是 `stroke`，這個詞有點接近於 CSS 的 border，是用來描述描邊的屬性。

若直接對 stroke 指定一個色票，那就會是這個描邊的顏色，例如我們要讓 progress 的 rail 是淺灰色，我們可以這樣做：

```
1.  .progress-circle__rail {
2.    stroke: #EEE;
3.  }
```

描邊屬性除了顏色之外，也能夠指定他的寬度，這邊使用的是 `stroke-width`。

再來我們要介紹的是 `stroke-dasharray`，是用來把 stroke 做成虛線的效果，線段會被拆成線段、空白、線段、空白 .....，如下面這樣：

```
1.  <svg width="300" height="300" style="background: #FFF;">
2.    <circle
3.      r="50"
4.      cx="150"
5.      cy="150"
6.      fill="#FFF"
7.      stroke="#aaa"
8.      stroke-width="12"
9.      stroke-dasharray='20'
10.   />
11. </svg>
```

▲ 圖 27-2 stroke-dasharray(虛線效果) 的圓形

如上顯示，線段被拆成 20px 的線段，再空 20px 的空白，不斷的循環。

`stroke-dasharray` 除了可以放單一值之外，我們可以觀察到他的屬性命名是 *-array，表示他可以像是 array 一樣來使用，例如說，我們也可以給兩個值，其中第一個值是線段長度，第二個值是空白長度，如下：

```
1.  stroke-dasharray='20 5'
```

那我們就能夠看到下面這樣的效果：

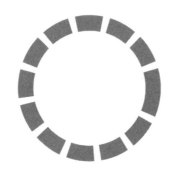

▲ 圖 27-3 指定線段長度以及空白長度

stroke-dasharray 還有其他更進階的用法，可以參考 MDN Web Docs 上面的定義，本篇因為不會用到，所以就不詳述。

都已經破梗破到這裡了，大家是否有參透 progress circle 進度條的原理了呢？

如果還沒有參透，我再來給一個提示，如果我把 stroke-dasharray 指定為下面這樣如何：

```
1.  stroke-dasharray='20 999999'
```

▲ 圖 27-4 空白區段長度很長的效果

上圖是我在 SVG 裡面再加上一個 circle 當作底色，方便我們觀察這個描邊線段。

如果能夠指定描邊的線段長度以及線段間距的空白長度，那就表示我們可以把第一個描邊線段當作 progress track，藉由改變這個線段的長度，就可以用來表示 progress 的進度了！

由於進度是 0%～100%，因此對應到這個線段的長度就是 0px～圓周長 px。

27.3 介面設計

屬性	說明	類型	預設值
className	客製化樣式	string	
value	進度	number	0
themeColor	主題配色，primary、secondary 或是自己傳入色票	primary、secondary、色票	primary
strokeColor	定義 track 漸層顏色	{ 'xx%': 'value' }[]	{}
isClockwise	track 是否為順時針方向，若 false 則為逆時針方向	boolean	true

27.4 元件實作

27.4.1 元件結構

透過上面的分析，我們知道 progress circle 首先需要定義出 SVG 的可視範圍，並且裡面有兩個元素，一個是 `rail`，一個是 `track`，因此結構如下：

```
1.  <svg width="..." height="...">
2.    <circle className="progress-circle__rail" />
3.    <circle className="progress-circle__track" />
4.  </svg>
```

27.4.2 進度

跟前篇 ProgressBar 一樣，我們需要把 value 限制在 0% ~ 100%，避免不必要的困擾：

```
1.  const formatValue = (value) => {
2.    if (value > 100) {
3.      return 100;
4.    }
5.    if (value < 0) {
6.      return 0;
7.    }
8.    return value;
9.  };
```

前面分析有提到，進度 0% ~ 100%，是對應到 progress 虛線長度 0px ~ 圓周長 px，因此我們需要計算圓周長，公式我就是使用國中小的數學來計算圓周長：

```
1.  const perimeter = radius * 2 * Math.PI; // 圓周長
```

再來，得到圓周長之後，按照給定 progress 的 value，可以依照比例算出該進度的弧長：

```
1.  const argLength = perimeter * (formatValue(value) / 100);
    // 弧長
```

拿到弧長之後，我們就可以畫出進度條了：

```
1.  const INFINITE = 999999;
2.
3.  .progress-circle__track {
4.    {...略}
5.    stroke-dasharray: ${(props) => props.$argLength} ${INFINITE};
6.  }
```

那我們在 <ProgressCircle /> 傳入 value，經過上述步驟，就能夠得到下面的效果：

```
1.  <ProgressCircle value={20} />
```

▲ 圖 27-5 畫出進度條

但這個進度條的起始點是從三點鐘方向，我們希望他是從十二點鐘方向開始，所以我們要對他做一點旋轉：

```
1.  svg {
2.    transform: rotate(-90deg);
3.  }
```

這樣看起來就正常多了：

▲ 圖 27-6 調整進度條的起始點

27.4.3 數值資訊

我們常看到數值資訊被放在圈圈裡面，因此這邊做法也很簡單，直接用 `position: absolute;` 把數值資訊放在圓圈中心就可以了：

```
1.  const Info = styled.div`
2.    position: absolute;
3.    left: 50%;
4.    top: 50%;
5.    transform: translate(-50%, -50%);
6.    display: flex;
7.    flex-direction: column;
8.    align-items: center;
9.    justify-content: center;
10.
11.    .progress-circle__value {
12.      font-size: ${(props) => props.$size / 4}px;
13.    }
```

```
14.    .progress-circle__percent-sign {
15.      font-size: ${(props) => props.$size / 6}px;
16.    }
17. `;
18.
19.
20. <Info
21.    className="progress-circle__info"
22.    $size={size}
23. >
24.    <span className="progress-circle__value">{value}</span>
25.    <span className="progress-circle__percent-sign">%</span>
26. </Info>
```

到目前為止，一個看起來模有樣的 ProgressCircle 就完成了：

▲ 圖 27-7

在前面有提到，我們用 `formatValue` 這個 function 來把 progress track 的值限制在合理範圍內，但是數值資訊我們可以依照輸入的顯示沒關係，下面也展示一下各種數值的結果：

```
1.  <ProgressCircle />
2.  <ProgressCircle value={25} />
3.  <ProgressCircle value={50} />
4.  <ProgressCircle value={75} />
```

```
5.  <ProgressCircle value={100} />
6.  <ProgressCircle value={120} />
```

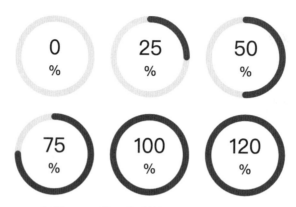

▲ 圖 27-8 展示各種數值的 Progress circle

27.4.4 改變主題顏色

這邊的做法都跟之前一樣，我們就不再仔細說明，直接展示結果，表示我們用之前的方法一樣可以做到：

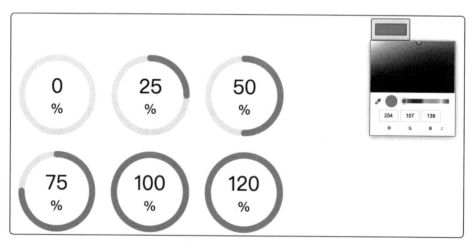

▲ 圖 27-9 改變主題顏色

27.4.5 漸層顏色

記得在前篇 ProgressBar 的漸層處理，是直接使用 background 屬性：

```
1.  background: linear-gradient(45deg, #FF8E53 30%, #FE6B8B 90%);
```

但是在 SVG 裡面，漸層的處理需要透過別的手段 (詳細的部分我們可以參考 MDN Web Docs 的説明)。

主要的意思是説，SVG 提供兩個屬性 fill 以及 stroke 有設置漸層的方法，漸層的類型有兩種，一個是「線形漸層 (linearGradient)」，一個是「放射形漸層 (radialGradient)」。

以線性漸層為例，首先需要在 <defs /> 元素裡面創建一個 <linear Gradient /> 元素，然後在裡面定義要從什麼顏色漸層到什麼顏色：

```
1.  <linearGradient id="linearGradient">
2.    <stop offset="0%" stop-color="red"/>
3.    <stop offset="100%" stop-color="blue"/>
4.  </linearGradient>
```

接著有一個關鍵步驟，就是 <linearGradient /> 需要設置 id 屬性，這是為了讓 stroke 可以引用這個漸層，假設 id 的設置是這樣：

```
1.  <linearGradient id="linearGradient">
2.    ...
3.  </linearGradient>
```

如果在 stroke 當中要引用這個漸層，就會需要這樣做：

```
1.  stroke: url(#linearGradient);
```

那我們模仿 Antd 對於漸層顏色的設置，定義一個 props，他可以接受下面這樣的物件：

```
1.  const strokeColor = {
2.    '0%': '#108ee9',
3.    '100%': '#87d068',
4.  };
5.
6.  <ProgressCircle strokeColor={strokeColor} value={25} />
```

在 strokeColor 當中，key 的部分就是漸層的 `offset`，value 的部分就是漸層的顏色 `stop-color`，因此透過迭代，我們就能夠實現透過 props 傳入來定義漸層的功能：

```
1.  <svg width="..." height="...">
2.    {strokeColor && (
3.      <defs>
4.        <linearGradient
5.          id="linearGradient"
6.        >
7.          {
8.            Object.keys(strokeColor || {}).map((offset) => (
9.              <stop
10.               key={offset}
11.               offset={offset}
12.               stopColor={strokeColor[offset]}
13.             />
14.           ))
15.         }
16.       </linearGradient>
17.     </defs>
18.   )}
19.   <circle className="progress-circle__rail" ... />
20.   <circle className="progress-circle__track" ... />
21. </svg>
```

效果就會如下面這樣:

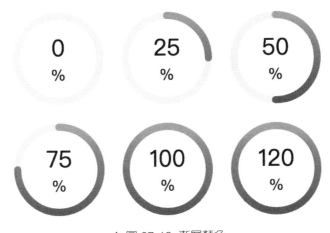

▲ 圖 27-10 漸層顏色

27.4.6 進度順時針、逆時針

今天我們想要設置一個參數,用來決定我們的進度條需要是順時針生長,還是逆時針生長:

```
1.  <ProgressCircle isClockwise={false} value={25} />
```

那這個方法也很簡單,如果原本預設是順時針生長,想要變成逆時針,只要水平翻轉就可以了,水平翻轉的方法我們是用 css transform 來做:

```
1.  transform: rotateY(180deg);
```

整體作法如下示意:

```
1.  const counterClockwiseStyle = css`
2.    .progress-circle__progress {
3.      transform: rotateY(180deg);
4.    }
```

```
5.  `;
6.
7.  const StyledProgressCircle = styled.div`
8.    ...略
9.    ${(props) => (props.$isClockwise ? null :
         counterClockwiseStyle)}
10. `;
11.
12. <StyledProgressCircle
13.   ...
14.   $isClockwise={isClockwise}
15. >
16.   <span className="progress-circle__progress">
17.     <svg width="..." height="...">
18.       <defs>...</defs>
19.       <circle className="progress-circle__rail" ... />
20.       <circle className="progress-circle__track" ... />
21.     </svg>
22.   </span>
23. </StyledProgressCircle>
```

▲ 圖 27-11 逆時針方向的進度條

27.4.7 改變 circle 大小

假設今天想要透過下面這樣的方式來改變 progress circle 的大小：

```
1.  const ResizeProgressCircle = styled(ProgressCircle)`
2.    width: ${(props) => props.$size}px;
3.    height: ${(props) => props.$size}px;
4.  `;
5.
6.  <ResizeProgressCircle $size={60} ... />
```

我們是用 css className 覆寫的方式來做，整體架構如下：

```
1.  <StyledProgressCircle
2.    ref={progressCircleRef}
3.    className={className}
4.  >
5.    <svg width="..." height="...">
6.      <defs>...</defs>
7.      <circle className="progress-circle__rail" ... />
8.      <circle className="progress-circle__track" ... />
9.    </svg>
10. </StyledProgressCircle>
```

所以簡單來說，我想要操作的是 <StyledProgressCircle /> 這個方形元素的大小，但是他的 children，也就是我們的 SVG 圖，我希望他可以自動跟著他的 parent 元素來變大變小。

那做法就是我透過 useRef 這個 hook 來操作 <StyledProgressCircle />，藉此取得他的大小，然後把它存成參數之後，SVG 圖的大小就要跟著這個參數來動：

```
1.  const progressCircleRef = useRef();
2.  const [size, setSize] = useState(0);
```

```
3.
4.  const handleUpdateSize = useCallback(() => {
5.    const currentElem = progressCircleRef.current;
6.    setSize(currentElem.clientWidth);
7.  }, []);
8.
9.  useEffect(() => {
10.   handleUpdateSize();
11.   window.addEventListener('resize', handleUpdateSize);
12.   return () => {
13.     window.removeEventListener('resize', handleUpdateSize);
14.   };
15. }, [handleUpdateSize]);
```

我們用 size 這個 state 來記錄所取得的元件大小，接著，因為他是一個方形元件，所以我希望方形邊長的一半，就等於圓形的半徑，當然，我們要扣除 stroke-width 所佔用的寬度，因此我得到的半徑會是這樣：

```
1.  const defaultStrokeWidth = size * 0.08;
2.  const radius = (size - defaultBorderWidth) / 2;
```

由於我希望元件放大縮小的時候，progress stroke width 也會跟著改變，才不會造成元件變太大而 progress circle 看起來很細，或是元件變太小而 progres circle 看起來很粗的狀況。

透過上述公式計算出來的 radius，就能夠帶入 circle 上了：

```
1.  <circle
2.    className="progress-circle__rail"
3.    r={radius}
4.    cx={size / 2}
5.    cy={size / 2}
6.  />
```

以下是我們的成果展示：

```
1.  <ResizeProgressCircle value={87} $size={60} />
2.  <ResizeProgressCircle value={87} $size={100} />
3.  <ResizeProgressCircle value={87} $size={200} />
```

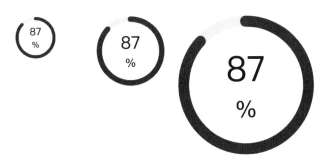

▲ 圖 27-12 不同大小的樣式

27.5 原始碼及成果展示

https://github.com/TimingJL/13th-ithelp_
custom-react-ui-components/blob/main/src/
components/ProgressCircle/index.jsx

▲ 圖 27-13 Progress circle
　　原始碼

https://timingjl.github.io/13th-ithelp_custom-react-ui-components/?path=/docs/ 反饋元件 -progresscircle--default

▲ 圖 27-14 Progress circle
成果展示

28

反饋元件 - Modal

28.1 元件介紹

`Modal` 元件為彈出相關元件提供了重要的基礎建設，如 `Dialog`、`Popover`、`Drawer`... 等等。

28.2 參考設計 & 屬性分析

28.2.1 各家元件庫參考

在 Antd 元件當中，對於 Modal 就直接定義為 對話框 元件，其使用時機是當系統流程當中需要用戶處理額外事務，但又不希望跳轉頁面以打斷目前工作流程時，提供一個彈出互動框解決方案。

▲ 圖 28-1 Antd Basic Modal

但對於 MUI 來說，他就是另一個思維，以下是他對於 Modal 的定義：

> **🔨 技術大補帖**
>
> MUI 對於 Modal 的定義
> The modal component provides a solid foundation for creating dialogs, popovers, lightboxes, or whatever else.

意思就是說，Antd 的 Modal 對於 MUI 來說其實已經是一個 Dialog 元件，他是 Modal 元件的延伸應用。

換句話說，MUI 的 Modal 是一個基礎建設元件，所以類似這種彈窗式互動的元件，例如 對話框 (Dialog)、彈出提示框 (Popovers)、菜單 (Menu)、抽屜 (Drawer)... 等等元件，都是能夠基於 Modal 來實現的。

If you are creating a modal dialog, you probably want to use the Dialog component rather than directly using Modal. Modal is a lower-level construct that is leveraged by the following components:

- Dialog
- Drawer
- Menu
- Popover

▲ 圖 28-1 MUI 對於 Modal 的說明

我們再來看 Bootstrap，Bootstrap 裡面的 Modal 也是跟 Antd 一樣，是直接說 Modal 是一個對話視窗：

▲ 圖 28-3 Bootstrap 的 Modal

看了上述幾種說詞之後，我覺得 MUI 這樣的思維還是比較吸引我，畢竟這樣的方式比較能夠重複利用相同邏輯的程式碼。

就像 MUI 所提到的，我們想想看，其實很多元件是換湯不換藥，明明邏輯是一樣的，為什麼就只因為樣式不一樣，就要把同樣的邏輯再重新做一次呢？

所以今天想要展示的題目，就是我們先來做一個簡單的 Modal。再來，會利用這個 Modal 來打造 Dialog。

28.2.2 使用方式

接下來我們來看一下各家元件庫是怎麼設計元件的使用介面，首先來看 Antd：

```
1.  <Button type="primary" onClick={showModal}>
2.    Open Modal
3.  </Button>
4.  <Modal
5.    title="Basic Modal"
6.    visible={isModalVisible}
7.    onOk={handleOk}
8.    onCancel={handleCancel}
9.  >
10.   <p>Some contents...</p>
11.   <p>Some contents...</p>
12.   <p>Some contents...</p>
13. </Modal>
```

再來我們也看一下 MUI：

```
1.  <Button onClick={handleOpen}>Open modal</Button>
2.  <Modal
3.    open={open}
```

```
4.    onClose={handleClose}
5.    aria-labelledby="modal-modal-title"
6.    aria-describedby="modal-modal-description"
7.  >
8.    <Box sx={style}>
9.      <Typography id="modal-modal-title" variant="h6"
            component="h2">
10.       Text in a modal
11.     </Typography>
12.     <Typography id="modal-modal-description" sx={{ mt: 2 }}>
13.       Duis mollis, est non commodo luctus, nisi erat
            porttitor ligula.
14.     </Typography>
15.   </Box>
16. </Modal>
```

在 Antd 當中，他的介面可以成為我們 Dialog 元件的參考，MUI 的 Modal props 介面應該就足夠做一個基礎建設，綜合以上的介面，一個最簡易的 Modal 應該是可以長這樣：

```
1.  <Button onClick={handleOpen}>Open Modal</Button>
2.  <Modal
3.    isOpen={isOpen}
4.    onClose={handleClose}
5.  >
6.    {children}
7.  </Modal>
```

上述的介面當中，isOpen 這個 props 來控制 Modal 出現還是消失，而畫面上必需要有一個地方可以觸發 isOpen 變成 true，這邊的範例統一都是用一顆 Button 來觸發。再來，要關閉一個 Modal 的時候，我們可以點擊 children 以外的區域，或是將來變成 Dialog 的時候，可以點擊 Header 的 <CloseIcon />，所以在 Modal 裡面，除了 children 以外，給他 isOpen 和 onClose 就能夠滿足最低限度的需要了。

28.3 介面設計

28.3.1 Modal props

屬性	說明	類型	預設值
isOpen	是否顯示	boolean	false
children	內容	ReactNode	
onClose	觸發開關	function	
animationDuration	定義動畫完成一次週期的時間 (ms)	number	200
hasMask	是否顯示遮罩	boolean	true

28.3.2 Dialog props

屬性	說明	類型	預設值
isOpen	是否顯示	boolean	false
title	標題內容	function	
children	內容	ReactNode	
onClose	觸發開關	function	
onSubmit	觸發確認事件	function	

28.4 元件實作

實戰經驗分享

在前幾篇的 Drawer 當中，其實同樣的邏輯我們已經做過一次，所以請原諒我這次當個壞寶寶，做個錯誤示範，我就直接把他抄過來。

如果你今天想要當一個乖寶寶，那應該怎麼做呢？假設時光倒流，我們應該是需要先做出 Modal 這個基礎建設元件，然後再來利用 Modal 來實現出 Drawer 元件，這樣就不會出現同樣的邏輯重複出現在 Modal 和 Drawer 了。

但沒關係，這個風風雨雨的社會，浪子有一天還是有機會回頭，雖然以前做壞，但現在要做一個善良的歹囝，薰莫閣食，酒袂閣焦 (寫 code 寫到唱起來 XDD)。

等一下我們還是會示範一下怎麼當好寶寶，示範如何使用 Modal 用來實現 Dialog。

28.4.1 元件結構

以下就是我們這次的 Modal：

```
1.  const Modal = ({
2.    isOpen,
3.    onClose,
4.    animationDuration,
5.    children,
6.    hasMask,
7.  }) => {
8.    const [removeDOM, setRemoveDOM] = useState(!isOpen);
9.
10.   useEffect(() => {
11.     if (isOpen) {
12.       setRemoveDOM(false);
13.     } else {
14.       setTimeout(() => {
15.         setRemoveDOM(true);
16.       }, (animationDuration + 100));
```

```
17.      }
18.    }, [animationDuration, isOpen]);
19.
20.    return !removeDOM && (
21.      <Portal>
22.        {hasMask && (
23.          <Mask
24.             $isOpen={isOpen}
25.             $animationDuration={animationDuration}
26.             onClick={onClose}
27.          />
28.        )}
29.        <ModalWrapper
30.           $isOpen={isOpen}
31.        >
32.           {children}
33.        </ModalWrapper>
34.      </Portal>
35.    );
36. };
```

因為之前在 `Drawer` 有詳細說明過，這次就簡單來複習。

我們的 Modal 一樣也是全版蓋在畫面上，所以為了避免被蓋住的問題，我們一樣用 Portal 把他傳送到最上層。

再來 `Portal` 的 內 容 當 中 ， 會 有 `Mask` 以 及 `ModalWrapper`， 其 中 `ModalWrapper` 裡面就是放我們的 children，也就是對話窗的內容。

另外因為前面 MUI 有說，Popover、Menu 也是有機會可以使用 Modal 來實現，而這兩個元件他是沒有 Mask 遮罩的，所以我們用一個 `hasMask` 的 boolean 來決定是不是要使用遮罩來弱化背景。

最後，我們使用 `removeDOM` 這個 boolean，在關閉 Modal 之後的 100ms，也就是 Modal 消失動畫結束之後 把這個被關閉的元件從 DOM 當中移除掉。

那這樣我們就能夠做出像下面這樣的 Modal 了：

```
1.  import Button from '../components/Button';
2.  import Modal from '../components/Modal';
3.
4.  const ModalDemo = () => {
5.    const [isOpen, setIsOpen] = useState(false);
6.
7.    return (
8.      <>
9.        <Button onClick={() => setIsOpen(true)}>Open Modal
            </Button>
10.       <Modal
11.         isOpen={isOpen}
12.         onClose={() => setIsOpen(false)}
13.       >
14.         <div style={{ background: '#FFF' }}>Modal content
              </div>
15.       </Modal>
16.     </>
17.   );
18. };
```

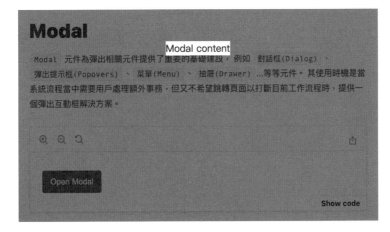

▲ 圖 28-4 Modal 元件

28.4.2 基於 Modal 實現的 Dialog

先給大家看一下我們要實現的 Dialog 長這樣，這邊我是以 Antd 的 Basic Modal 樣式為例：

▲ 圖 28-5 基於 Modal 實現的 Dialog

這個 Dialog 主要分成三大部分，`Header`、`Content`、`Footer`。

在 Header 當中需要顯示標題，也需要有一個叉叉按鈕用來關閉對話框。

```
1.  const Header = ({ title, onClose }) => (
2.    <HeaderWrapper>
3.      {title}
4.      <CloseButton onClick={onClose}>
5.        <CloseIcon />
6.      </CloseButton>
7.    </HeaderWrapper>
8.  );
```

Content 的部分就是對話框的內容，這邊就直接顯示 children。

Footer 主要是兩個按鈕，一個是確認按鈕，一個取消按鈕。

```
1.  const Footer = ({ onClose, onSubmit }) => (
2.    <FooterWrapper>
3.      <ButtonGroup>
4.        <Button variant="outlined" onClick={onClose}>取消
            </Button>
5.        <Button onClick={onSubmit}>確認</Button>
6.      </ButtonGroup>
7.    </FooterWrapper>
8.  );
```

所以我們基於 Modal 的 Dialog 按照上述的描述就長這樣了：

```
1.  import Modal from '../Modal';
2.  import Header from './Header';
3.  import Footer from './Footer';
4.
5.  const Dialog = ({
6.    isOpen,
7.    onClose,
8.    onSubmit,
9.    title,
10.   children,
11. }) => (
12.   <Modal
13.     isOpen={isOpen}
14.     onClose={onClose}
15.   >
16.     <DialogWrapper $isOpen={isOpen}>
17.       <Header title={title} onClose={onClose} />
18.       <Content>
19.         {children}
20.       </Content>
21.       <Footer onClose={onClose} onSubmit={onSubmit} />
22.     </DialogWrapper>
23.   </Modal>
24. );
```

特別說明一下，`DialogWrapper` 是對話框的背景，主要是做一些樣式的設定以及佈局。

樣式的部分例如對話框的 背景顏色、寬度、圓角、陰影 以及 出現及消失的動畫：

```
1.   const DialogWrapper = styled.div`
2.     width: calc(100vw - 40px);
3.     max-width: 520px;
4.     border-radius: 4px;
5.     background: #FFF;
6.     box-shadow: 0 3px 6px -4px #0000001f, 0 6px 16px #00000014,
          0 9px 28px 8px #0000000d;
7.     animation: ${(props) => (props.$isOpen ? showDialog :
          hideDialog)} 200ms ease-in-out forwards;
8.   `;
```

動畫的部分，出現的時候我希望他可以有淡入的效果，並且讓他微微從小變大，好像有從距離遠的地方服出來的感覺。消失的時候就反過來，讓他有淡出效果，並且讓他微微縮小，有種退到後面去感覺：

```
1.   import styled, { keyframes } from 'styled-components';
2.
3.   const hideDialog = keyframes`
4.     0% {
5.       transform: scale(1);
6.       opacity: 1;
7.     }
8.     100% {
9.       transform: scale(0.9);
10.      opacity: 0;
11.    }
12.  `;
13.
14.  const showDialog = keyframes`
```

```
15.  0% {
16.    transform: scale(0.9);
17.    opacity: 0;
18.  }
19.  100% {
20.    transform: scale(1);
21.    opacity: 1;
22.  }
23. `;
```

最後，透過我們完成的 Modal 元件，就能使用下面的程式碼來實現一開始
展示的 Dialog 元件了：

```
1.  const DialogDemo = () => {
2.    const [isOpen, setIsOpen] = useState(false);
3.
4.    return (
5.      <>
6.        <Button onClick={() => setIsOpen(true)}>Open Dialog
            </Button>
7.        <Dialog
8.          isOpen={isOpen}
9.          onClose={() => setIsOpen(false)}
10.         title={(
11.           <div style={{ fontWeight: 500 }}>
12.             Title
13.           </div>
14.         )}
15.       >
16.         <div>
17.           <div>Some contents...</div>
18.           <div>Some contents...</div>
19.           <div>Some contents...</div>
20.         </div>
21.       </Dialog>
```

```
22.      </>
23.   );
24. };
```

28.5 原始碼及成果展示

https://github.com/TimingJL/13th-ithelp_
custom-react-ui-components/blob/main/src/
components/Modal/index.jsx

▲ 圖 28-6 Modal 原始碼

https://github.com/TimingJL/13th-ithelp_
custom-react-ui-components/blob/main/src/
components/Dialog/index.jsx

▲ 圖 28-7 Dialog 原始碼

https://timingjl.github.io/13th-ithelp_custom-
react-ui-components/?path=/docs/ 反饋元
件 -modal--default

▲ 圖 28-8 Modal & Dialog
成果展示

反饋元件 - Toast

29.1 元件介紹

`Toast` 可以提供使用者操作的反饋訊息。包含一般資訊、操作成功、操作失敗、警告訊息等。預設為在頂部置中顯示並自動消失，是一種不打斷用戶操作的輕量級提示方式。

29.2 參考設計 & 屬性分析

我們來參考一下 Antd 的 message 元件，這個元件很有意思，我還蠻喜歡的。

他跟其他元件需要寫 JSX 在畫面上不一樣，他是直接執行一個 function 來顯示 toast，如下：

```
1.  import { message, Button } from 'antd';
2.
3.  const info = () => {
4.    message.info('This is a normal message');
5.  };
6.
7.  ReactDOM.render(
8.    <Button type="primary" onClick={info}>
9.      Display normal message
10.   </Button>,
11.   mountNode,
12. );
```

▲ 圖 29-1　Antd 的 message 元件

這個 message.info() 只要被執行一次，toast 就會在畫面上跳出來一次。

另外，我也參考了 React-Toastify 這個 npm 套件，這個也是我過去在專案中有接觸過的套件，我們來看他的使用方法：

```
1.   import React from 'react';
2.
3.   import { ToastContainer, toast } from 'react-toastify';
4.   import 'react-toastify/dist/ReactToastify.css';
5.
6.   function App(){
7.     const notify = () => toast("Wow so easy!");
8.
9.     return (
10.      <div>
11.        <button onClick={notify}>Notify!</button>
12.        <ToastContainer />
13.      </div>
```

```
14.   );
15. }
```

雖然看起來也是還蠻不錯的 toast，但是我們觀察看看，他要使用的時候會需要比 Antd message 多幾個步驟，像是他需要放一個 `<ToastContainer />` 在畫面上，然後需要引入他的 CSS 樣式，另外也需要執行他特有的 toast function 才能顯示 toast 訊息。

所以今天我們要來挑戰看看是不是能夠做出 Antd 這種一拿就能夠用的 toast。

我們多按幾次來觀察一下他的行為，首先，我們發現他跟其他提示元件一樣都是把元件畫到比較外層的 DOM 結構上，大概是如下的結構：

```
1.  <html>
2.    <header>...</header>
3.    <body>
4.      <div id="root">...</div>
5.      <div class="ant-message">
6.        <div>...</div>
7.      </div>
8.    </body>
9.  </html>
```

所以這個就是我們本次的目標，我們要想辦法把 toast 畫在比較上層的節點上，並且是用呼叫一個 function 的方式來做。只要能夠做到這一件事，其他的部分感覺起來就不難了。

然後我想像我未來會這樣使用這個 toast，因為提示訊息有分種類，分別有操作成功、一般通知訊息、警告訊息、錯誤訊息。

然後訊息也會有它的內容，甚至有時候我們想要控制這個訊息顯示的持續時間。

一個簡單的 Toast 應該具備上述幾個參數就足夠了。再更進階一點,我們有
看到 React-toastify 有很多的參數控制項,一起來偷看一下:

```
1.  toast('Wow so easy!', {
2.    position: "bottom-center",
3.    autoClose: 5000,
4.    hideProgressBar: false,
5.    closeOnClick: true,
6.    pauseOnHover: true,
7.    draggable: true,
8.    progress: undefined,
9.  });
```

以上述的參數來看,甚至他可以決定 Toast 的出現位置,從視窗的左上、
右上、左下、右下 ... 等等各種位置來出現,還有是不是能夠手動關掉
Toast,因為可能有時候 Toast 遮擋住畫面上我們正在瀏覽的訊息。

因此今天的目標,至少先做出一個簡單版的 Toast,其他的部分,可以依照
自己的需求再修改或添加。

29.3 介面設計

屬性	說明	類型	預設值
type	提示訊息種類	success、info、warn、error	
content	提示訊息內容	ReactElement、string	
duration	提示訊息展示時間	3000ms	

29.4 元件實作

29.4.1 元件結構

假設我今天要跳出一個訊息，我希望我的介面是長這樣：

```
1.  message.success({ type: 'success', content: '新增成功' });
```

我們知道，success 是一個 function，這個 function 會幫我們把畫面畫出來。

在 React 當中，有一個方法可以幫助我們做到這件事，就是 `ReactDOM.render()`：

```
1.  ReactDOM.render(element, container[, callback])
```

所以簡單來說，我們要用 `ReactDOM.render()` 這個方法，想辦法讓 Toast 變成這樣：

```
1.  <html>
2.    <header>...</header>
3.    <body>
4.      <div id="root">...</div>
5.      <div class="toast-root">
6.        <div class="toast-container">
7.          <Toast />
8.          <Toast />
9.          <Toast />
10.         <Toast />
11.         <Toast />
12.         ...
13.       </div>
14.     </div>
```

```
15.  </body>
16. </html>
```

以下是我的方法：

```
1.  export const message = {
2.    success: (props) => {
3.      render(<Toast {...props} type="success" />, getContainer());
4.    },
5.    info: (props) => {
6.      render(<Toast {...props} type="info" />, getContainer());
7.    },
8.    warn: (props) => {
9.      render(<Toast {...props} type="warn" />, getContainer());
10.   },
11.   error: (props) => {
12.     render(<Toast {...props} type="error" />, getContainer());
13.   },
14. };
```

在 getContainer() 當中，我要想辦法製造出下面這樣的結構，並透過 document.body.appendChild(...); 把他塞進 body 下面，之後新增一個在 toast-container 下面的子節點當作 container 回傳回來給 ReactDOM.render() 就可以了。

```
1.  <div class="toast-root">
2.    <div class="toast-container">
3.    </div>
4.  </div>
```

其中，toast-container 存在的目的，是為了要幫助我們對他的 children，也就是 Toast 做一些排版上的佈局，例如置中 ... 等等。

```
1.  const rootId = 'toast-root';
2.
3.  const getContainer = () => {
4.    let toastRoot;
5.    let toastContainer;
6.
7.    // 製造出 toastRoot
8.    if (document.getElementById(rootId)) {
9.      toastRoot = document.getElementById(rootId);
10.   } else {
11.     const divDOM = document.createElement('div');
12.     divDOM.id = rootId;
13.     document.body.appendChild(divDOM);
14.     toastRoot = divDOM;
15.   }
16.
17.   // 製造出 toastContainer，並放在 toastRoot 底下
18.   if (toastRoot.firstChild) {
19.     toastContainer = toastRoot.firstChild;
20.   } else {
21.     const divDOM = document.createElement('div');
22.     toastRoot.appendChild(divDOM);
23.     toastContainer = divDOM;
24.   }
25.   // 製造出 container，並放在 toastContainer 底下
26.   const divDOM = document.createElement('div');
27.   toastContainer.appendChild(divDOM);
28.
29.   // 調整 toastRoot 以及 toastContainer 的樣式
30.   toastRoot.style = css`
31.     position: absolute;
32.     top: 0px;
33.     left: 0px;
```

```
34.     width: 100vw;
35.   `;
36.
37.   toastContainer.style = css`
38.     position: absolute;
39.     top: 0px;
40.     left: 50%;
41.     transform: translateX(-50%);
42.     z-index: 9999;
43.     display: flex;
44.     flex-direction: column;
45.     align-items: center;
46.   `;
47.
48.   // 把 container 回傳，成為 ReactDOM.render() 的第二個參數
49.   return divDOM;
50. };
```

以上就是我們把 Toast 畫在外面的方法了。

再來我們來看 Toast 本體：

```
1.  const Toast = ({
2.    type,
3.    content,
4.    duration,
5.  }) => {
6.    const toastRef = useRef();
7.    const [isVisible, setIsVisible] = useState(true);
8.    const color = getColor(type);
9.
10.   useEffect(() => {
11.     setTimeout(() => {
12.       setIsVisible(false);
```

```
13.      }, duration);
14.      setTimeout(() => {
15.        const currentDOM = toastRef.current;
16.        const parentDOM = currentDOM.parentElement;
17.        parentDOM.parentElement.removeChild(parentDOM);
18.      }, duration + 200);
19.    }, [duration]);
20.
21.    return (
22.      <ToastWrapper
23.        ref={toastRef}
24.        $isVisible={isVisible}
25.      >
26.        <Icon $color={color}>{iconMap[type]}</Icon>
27.        {content}
28.      </ToastWrapper>
29.    );
30. };
```

這個本體也就很簡單，就是一些樣式的排版與呈現，需要特別說明的部分
是我們透過 `isVisible` 這個 state 來控制 Toast 的出現與消失，同時伴隨
著他的動畫效果：

```
1.  const topIn = keyframes`
2.    0% {
3.      transform: translateY(-50%);
4.      opacity: 0;
5.    }
6.    100% {
7.      transform: translateY(100%);
8.      opacity: 1;
9.    }
10. `;
```

```
11.
12. const topOut = keyframes`
13.    0% {
14.      transform: translateY(100%);
15.      opacity: 1;
16.    }
17.    100% {
18.      transform: translateY(-50%);
19.      opacity: 0;
20.    }
21. `;
22.
23. const topStyle = css`
24.    animation: ${(props) => (props.$isVisible ? topIn :
        topOut)} 200ms ease-in-out forwards;
25. `;
26.
27. const ToastWrapper = styled.div`
28.    /* ...略 */
29.    ${topStyle}
30. `;
```

當然，如果還有餘裕的話，我們就能夠來刻各種方向出現與消失的動畫，這邊先以 top 方向為例。

那在這個 Toast 當中，依照不同類型的提示訊息，我們可以給他不同的 icon：

```
1.  import SuccessIcon from '@material-ui/icons/Check';
2.  import InfoIcon from '@material-ui/icons/InfoOutlined';
3.  import WarnIcon from '@material-ui/icons/
        ReportProblemOutlined';
4.  import ErrorIcon from '@material-ui/icons/HighlightOffOutlined';
```

```
5.
6.  const iconMap = {
7.    success: <SuccessIcon />,
8.    info: <InfoIcon />,
9.    warn: <WarnIcon />,
10.   error: <ErrorIcon />,
11. };
```

而不同的訊息，當然也需要對應的不同顏色：

```
1.  const getColor = (type) => {
2.    if (type === 'success') {
3.      return '#52c41a';
4.    }
5.    if (type === 'info') {
6.      return '#1890ff';
7.    }
8.    if (type === 'warn') {
9.      return '#faad14';
10.   }
11.   if (type === 'error') {
12.     return '#d9363e';
13.   }
14.   return '#1890ff';
15. };
```

這樣我們簡單的 Toast 就完整了：

```
1.  <ToastWrapper
2.    ref={toastRef}
3.    $isVisible={isVisible}
4.  >
5.    <Icon $color={color}>{iconMap[type]}</Icon>
6.    {content}
7.  </ToastWrapper>
```

最後我們來 Demo 一下成果：

```
1.  const ToastDemo = (args) => (
2.    <ButtonGroup>
3.      <Button
4.        variant="outlined"
5.        onClick={() => message.success({ type: 'success',
              content: '新增成功' })}
6.      >
7.        Success
8.      </Button>
9.      <Button
10.       variant="outlined"
11.       onClick={() => message.info({ type: 'info', content:
              'Some information' })}
12.      >
13.        Information
14.      </Button>
15.      <Button
16.        variant="outlined"
17.        onClick={() => message.warn({ type: 'warn', content: '
              伺服器出了一點問題' })}
18.      >
19.        Warning
20.      </Button>
21.      <Button
22.        variant="outlined"
23.        onClick={() => message.error({ type: 'error', content:
              '刪除失敗' })}
24.      >
25.        Error
26.      </Button>
27.    </ButtonGroup>
28.  );
```

▲ 圖 29-2 Toast 元件成果展示

29.5 原始碼及成果展示

https://github.com/TimingJL/13th-ithelp_
custom-react-ui-components/blob/main/src/
components/Toast/index.jsx

▲ 圖 29-3 Toast 原始碼

https://timingjl.github.io/13th-ithelp_custom-
react-ui-components/?path=/docs/ 反饋元
件 -toast--default

▲ 圖 29-4 Toast 成果展示

30

打包元件庫並發佈至 NPM

除了在自己的專案上開發客製化的元件以外，有時候我們會希望讓別人也能使用我們開發的元件庫。此時，我們可以考慮將其發佈至 npm。

> 🔨 **技術大補帖**
>
> 套件管理工具 npm，即為 Node Package Manager 的縮寫，開發者可以透過 Node 隨附的 npm cli，進行套件的安裝及管理。

▌30.1 建立和開發元件庫專案 ▬▬▬

在本書的教學範例中，我們是使用 Create React App(CRA) 來建立專案。指令如下：

```
npx create-react-app my-components-project
```

以此範例專案為例，我們是這麼做的：

```
npx create-react-app 13th-ithelp_custom-react-ui-components
```

> 🔨 **技術大補帖**
>
> Create React App 是由 Facebook 設計的一套一鍵建立 React.js 開發環境的套件。他可以幫助我們在無須自己配置 babel、webpack 等專案設定之下，快速建立一個新專案，讓我們能立即開始開發。
>
> 另外，我們會使用到 npx 這個指令來建立一個新專案，npx 是在 npm v5.2.0 之後內建的指令，也是一種 CLI 工具，讓我們可以更方便的安裝或是管理依賴 (dependencies)。

建立完專案之後，我們進入專案當中，就可以看到下面的檔案結構：

```
public (靜態資源文件夾)
|____ index.html (主頁面)
|____ favicon.ico (網站頁籤圖標)
|____ logo192.png
|____ logo512.png
|____ manifest.json (應用加殼的配置文件)
|____ robots.txt (爬蟲協議文件)

src (程式碼文件夾)
|____ index.js (入口文件)
|____ index.css (index.js 入口檔案引入的全域樣式)
|____ App.js (App 元件)
|____ App.test.js (用於給 App 做測試)
|____ App.css (App 元件的樣式)
|____ reportWebVitals.js (頁面性能分析文件，需要 web-vitals 庫的支持)
|____ setupTests.js (元件單元測試的文件，需要 jest-dom 庫的支持)
|____ logo.svg (React logo 圖)
```

30.2 調整檔案結構

在打包專案之前，我們要先讓專案的結構便於打包。過去我們的專案結構可能會像這樣：

```
src
|____ components/
      ├── Button/
      ├── Switch/
      ├── Radio/
      ├── ...
|____ hooks/
|____ theme/
```

```
|_____ utils/
|_____ pages/
|_____ stories/
|_____ index.js
|_____ index.css
|_____ App.js
|_____ App.test.js
|_____ App.css
|_____ reportWebVitals.js
|_____ setupTests.js
|_____ logo.svg
```

也就是說，我們的元件都放置於 `src/components/` 路徑下面，而相關會引用到的函式或參數，則案類別分別放置於 `src/hooks/`、`src/theme/`、`src/utils`。

但我們現在想要調整成如下：

```
src
|_____ lib
          |_____ components/
                    ├──── Button/
                    ├──── Switch/
                    ├──── Radio/
                    ├──── ...
          |_____ hooks/
          |_____ theme/
          |_____ utils/
          |_____ index.js (作為之後 import 時的起點)
|_____ stories/
|_____ index.js
|_____ index.css
|_____ App.js
|_____ App.test.js
|_____ App.css
```

```
|____ reportWebVitals.js
|____ setupTests.js
```

我們新增了一個目錄 src/lib，並且新增一個檔案作為之後 import 元件庫
時的起點 src/lib/index.js：

```
1.  /* 以幾個元件為範例 */
2.  import Button from './components/Button';
3.  import Switch from './components/Switch';
4.  import Radio from './components/Radio';
5.
6.  export {
7.    Button,
8.    Switch,
9.    Radio,
10. };
```

然後我們把這次會用到的 hooks/、theme/、utils/ 也都搬到 src/lib 目
錄下，因為這些檔案在 src/components/ 下的元件會引用到，而且之後我
們想要把 src/lib/ 整包打包。

調整完檔案結構之後記得確認一下程式碼運行無誤：

```
1.  import React from 'react';
2.  import logo from './logo.svg';
3.  import './App.css';
4.  import { Button } from './lib';
5.
6.  function App() {
7.    return (
8.      <div className="App">
9.        <header className="App-header">
10.         <img src={logo} className="App-logo" alt="logo" />
11.         <Button>Learn More</Button>
12.       </header>
```

```
13.    </div>
14.  );
15. }
16.
17. export default App;
```

▲ 圖 30-1　確認程式碼運行無誤

30.3　打包成一個可輸出的元件庫

首先，我們需要安裝幾個 babel 套件：

```
yarn add -D @babel/cli @babel/preset-env @babel/preset-react
    cross-env
```

在 安 裝 完 這 幾 個 套 件 之 後， 我 們 便 能 在 src/package.json 中 的
devDependencies 下看到套件的名稱：

```
"devDependencies": {
    "@babel/cli": "^7.18.10",
    "@babel/preset-env": "^7.18.10",
    "@babel/preset-react": "^7.18.6",
    "cross-env": "^7.0.3",
    ...
}
```

接著，我們在根目錄下新增一個 `babel.condfig.js` 檔案，並做以下的設置：

```
module.exports = function (api) {
  api.cache(true);

  const presets = ['@babel/preset-env', '@babel/preset-react'];

  return {
    presets,
  };
};
```

🔨 **技術大補帖**

@babel/preset-env：是 babel 7 架構下的一組 preset，能讓你用最新的 JavaScript 語法寫程式，也就是說，這個 preset 會幫我們把程式碼轉換成 ES5，讓多數瀏覽器版本能看懂你寫的現代 JavaScript。並且智慧地根據瀏覽器的環境引入需要的 polyfill，節省手動管理 syntax transform 的時間，還能夠減少 bundle 檔案大小。

@babel/preset-react：React 使用的 JSX 語法，瀏覽器是看不懂的，因此沒辦法正確的執行。所以我們需要 Babel 的幫忙，幫我們把 JSX 和其他 React 語法轉換回 JavaScript。

接著我們在 package.json 當中也加入這幾行：

```
"main": "dist/index.js",
"private": false,
"files": [
  "dist",
  "README.md"
],
"keywords": [
  "react",
  "react-component",
  "component",
  "components",
  "frontend",
  "ui"
],
```

main 所指定的 dist/index.js 路徑，是我們指定專案的讀入點是在 dist 資料夾下面的 index.js（等一下會搭配 script 來自動產生這個路徑）。而 files 則說明在這個專案發佈到 npm repository 之後的檔案白名單有哪幾個。

如上述所提，我們在 package.json 中的 script 加入一行指令：

```
"scripts": {
  ...
  "compile": "rm -rf dist && cross-env NODE_ENV=production
      babel src/lib --out-dir dist --copy-files"
},
```

這個指令我們可以看到 `rm -rf dist`，意思是說，若已經有存在 `dist/` 資料夾，則整包刪除，因為我們接下來要產生新的。

接下來，後續的指令會讀取 `src/lib` 路徑下的內容，並根據剛才 `babel.config.js` 中的設置，將透過 babel 轉換回 ES5 的 JS 檔案輸出至 `dist/` 資料夾中。

進行完上述的設置之後，我們就能夠嘗試來打包了：

```
yarn compile
```

成功的話，我們會看到成功的訊息，並且確實在 dist/ 路徑下看到打包完的結果。

▌30.4 在本地測試打包後的元件

為了測試打包後的結果是否正確運行，我們可以再透過 CRA 快速創建一個專案：

```
npx create-react-app components-demo
```

我們可以透過 yarn link 或 npm link 來測試剛剛打包完的結果。

Step01：

```
cd 13th-ithelp_custom-react-ui-components
yarn link
```

Step02：

```
cd components-demo
yarn link 13th-ithelp_custom-react-ui-components
```

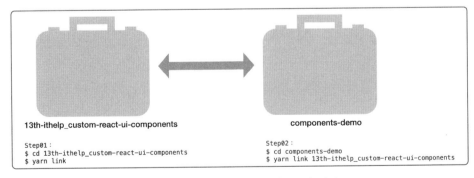

▲ 圖 30-2 透過 link 指令連結兩個專案

這樣我們就可以在測試專案上面直接使用元件庫了：

```
1.  import React from 'react';
2.  import logo from './logo.svg';
3.  import './App.css';
4.  import { Button } from '13th-ithelp_custom-react-ui-
        components';
5.
6.  function App() {
7.    return (
8.      <div className="App">
9.        <header className="App-header">
10.         <img src={logo} className="App-logo" alt="logo" />
11.         <Button>Learn More</Button>
12.       </header>
13.     </div>
14.   );
15. }
16.
17. export default App;
```

在連結建立之後，往後若元件庫的專案有更新，只需要重新 `yarn compile`
之後，就能夠在引用的專案中套用最新的更新了。

30.5 發佈至 NPM

在我們將元件庫發佈到 NPM 之前，首先，需要先註冊一個 NPM 的帳號。

▲ 圖 30-3 NPM 的登入 / 註冊頁面

有了帳號之後，我們會需要透過終端機的介面登入：

```
npm login
```

按照指令的指示，需要分別輸入帳號、密碼和信箱。

最後，我們就能夠在元件庫專案的根目錄下發佈專案了，本書範例的根目錄為 13th-ithelp_custom-react-ui-components/：

```
cd 13th-ithelp_custom-react-ui-components
npm publish
```

此時，我們就能夠在 npm 看見剛剛發佈的專案了！

▲ 圖 30-4 將元件庫發佈至 NPM

30.6 原始碼及成果展示

https://github.com/TimingJL/13th-ithelp_
custom-react-ui-components/tree/deploy

▲ 圖 30-5 Github 原始碼

https://www.npmjs.com/package/13th-ithelp_
custom-react-ui-components

▲ 圖 30-6 NPM package